医治受伤的自信

OSER
THÉRAPIE DE LA CONFIANCE EN SOI

Frédéric Fanget

[法] 弗雷德里克·方热 著　王资 译

生活·讀書·新知 三联书店　生活書店出版有限公司

Copyright © 2020 by Life Bookstore Publishing Co. Ltd.
All Rights Reserved.
本作品版权由生活书店出版有限公司所有。
未经许可,不得翻印。
OSER. THÉRAPIE DE LA CONFIANCE EN SOI by Frédéric Fanget
© ODILE JACOB, 2003.
This Simplified Chinese edition is published by arrangement with
Editions Odile Jacob, Paris, France, through Dakai Agency.

图书在版编目(CIP)数据

医治受伤的自信 / [法]弗雷德里克·方热著;王资译.— 北京:生活书店出版有限公司,2016.8(2018.1重印)(2019.4重印)(2019.8重印)(2020.1重印)(2020.6重印)

ISBN 978-7-80768-142-7

Ⅰ. ①医… Ⅱ. ①方… ②王… Ⅲ. ①自信心-能力培养-通俗读物 Ⅳ. ① B844.1-49

中国版本图书馆 CIP 数据核字(2016)第 071639 号

策　划	李　娟
责任编辑	肖　严
装帧设计	视觉共振设计工作室
责任印制	常宁强
出版发行	生活書店出版有限公司
	(北京市东城区美术馆东街22号)
图　字	01-2016-2818
邮　编	100010
经　销	新华书店
印　刷	河北鹏润印刷有限公司
版　次	2016年8月北京第1版
	2020年6月北京第6次印刷
开　本	880毫米×1230毫米　1/32　印张 10
字　数	171千字
印　数	42,001-47,000册
定　价	42.00元

(印装查询:010-64052612;邮购查询:010-84010542)

序 言

"长久以来,我一直都缺乏自信。我觉得自己浑身都是缺点:既有嫉妒心、笨拙,又不是个好妈妈。我讨厌我的性格,觉得没人喜欢我……我也总是怕别人不喜欢我。"

在收到安娜的来信后,我在诊所里接待了她。她补充道:"其实,我知道自己并非一无是处,但我需要别人来告诉我这点……我的形象是由别人决定的……如果别人觉得我很蠢,我就会觉得自己很蠢……"听到这里,我问道:"您有什么优点呢?"安娜显然不太习惯从这个角度思考,顿时面露难色:"嗯,我想,我很会倾听吧。别人说,我给的建议都挺不错的。"

塞莉娅说:"我没有自信。我很内向,一直靠别人的眼光生活,总是怕其他人对我有负面评价。我很怀疑自己的能力，不敢参加新的活动，也不敢承担什么责任。我害怕陌生人。此外，我常常有不少焦虑的想法。一件事还没发生，我却早就开始想象各种可能性了。"

丹尼丝倾诉道："由于我在性关系上有些障碍，一开始我咨询的是性学专家。在排除了所有身体因素之后，他建议我去看心理医生。据他所说，我的问题在于严重缺乏自信。的确，我始终认为自己糟透了，什么都做不好……其实我觉得自己哪儿都不如别人，不论是在生活中、社会关系上还是工作领域里。然而，让我感到很诧异的是，身边的人都认为我非常厉害。他们肯定我的一切，非常信任我，常来问我的意见。看来我的面具'骗过'了很多人！"

萨比娜如是说："我总是很神经质，成天忐忑不安……如果要做一件事，我会在很久很久之前就开始思忖，因为我很怕做不成。我非常缺乏自信……一旦有人与我意见不合，尤其是对我产生质疑时，我立刻就会攻击对方。还有，遇到困难，我从来都不去解决。我把许多事都归咎于自己。我也一直担心别人把我当作傻子。"

雅克告诉我："要知道，我为公司卖了一辈子的命。五十九岁那年，我却被老板告知，不能再继续参与我一手创立的项目了。要知道，这个项目可是花了我整整十五年的心血。我为它付出了一切，但现在公司竟这样表达对我的感激，要让一个年轻人接替我的位置！为了公司，我每星期工作七十个小时，没有朋友，甚至都没法亲眼看着孩子们长大，而现在，他们就是这么报答我的……"雅克抽泣起来，继续说道，"而且，我现在还能干什么呢？其他的事情我什么都干不了。我所有的精力都投入在公司里了。什么兴趣爱好、娱乐活动，我完全没有。我好几年都没有联系朋友了……"三个月以来，雅克一直在休病假。他完全失去了动力，自信的缺乏使他无法再振作起来。

身为精神科医生，我注意到，绝大多数前来就诊的人最核心的问题就是缺乏自信。无数情感和工作上的伤痛都是由自信缺失引起的，其表现包括害怕做错事、害怕被论断、害怕爱别人、害怕被爱。

自信远不只是我们头脑中某种单纯的机能。自我们幼年时起，就有一座金字塔被建立在自尊的基石上，它的顶端所显露出的是自我肯定，而它的中心就是自信。因此，自信是我们人格的一大基本元素。它一旦缺失，便会带来伤痛。

过去，自信与否被看作生来命定的性格特质，但事实并非如此：我们可以改变自己，即便自信看似从来都与我们无缘，我们仍可以获得它。本书就是为所有在为人处世上怀疑自己的人而写就的。自信的缺失形如桎梏，而本书将帮助您从中释放出来，走出不断失败的恶性循环。我深愿这些文字能让读者学会更爱自己，学会勇于行动，也学会敢于在他人面前坚立自我。许多时候，究其根本，我们缺乏的是某种程度上的自尊，缺乏对自己本身的包容。

二十年的从医经历使我每天都会接触到最真实的病例，它们都为撰写本书带来了大量灵感。所有第一手资料均来自我亲自接待的患者，因此，本书将时常引用他们的亲口讲述。当然，为了保护他们的隐私，我对各人和其经历中的细节都进行了适当修改。

在这些个人见证之外，您还将了解到心理学和神经科学领域最新的科研结果，通过书中简单、普及式的讲解优化日常生活。本书旨在以严谨的方式分析主题，展示经科学验证的各项技术。

在序言末尾，请允许我向您介绍本书的大纲。您无须按照顺序通读，尽可根据您的个人需要和经历选择性地浏览：

▶ 第一部分将详细阐释自信的机制，建议每位读者阅读。

▶ 第二部分列出七大"成见"，即我们从幼年起对自己的各种看法。这些成见正是自信缺失的成因。它们包括:"我做不到……""我需要被爱"或"我必须做得更好"等。请仔细阅读这些成见中您所具有的部分,由此您会更清楚自身缺乏自信的缘由。

▶ 第三部分将为您提供一套自信疗愈方案。按照逻辑顺序,此处罗列了三大关键,但您可以根据您的问题所在选择最适合自己的方法。依我所见,每种方法至少"尝试"一次之后,您便可更有效地找到适合自己的方法。

目 录

第一部分 自信的机制

自信缺失对生活的侵害   2
    阻滞、逃离与失败   3
    负面情绪   8
    糟糕的自我形象   9
    缺乏自我肯定对人际交往的影响   10
    自信缺失对生活各个方面的影响   22

心理专家有话说   28
    写在前面   28
    自信的三个层面   29

自测：您有自信吗？	34
判断一个人，应按照他的人格还是行为？	38
自信缺失与心理疾病	41
与自信缺失有关的心理疾病	41
与过度自信有关的心理疾病	44
儿童自信心解读	46
童年在自信形成中的角色	47
需要警惕的自信缺失迹象	50
如何帮助孩子建立自信	52

第二部分　引发自信缺失的几大成见

成见一："我做不到……"	60
案例	60
"无能"的成见背后的机制	63

成见二："我需要别人喜欢我，欣赏我，认可我"	71
案例	71
被爱需求的机制	75
两种自信：详解	80
成见三："我一无是处"	84
案例	84
无用成见的机制	88
成见四："我必须做得更好"	94
案例	95
过度完美主义的机制	101
成见五："我永远都做不了决定"	112
案例	112
决定障碍的机制	113
成见六："我总是自寻烦恼"	120
案例	120

焦虑的机制	122
成见七:"我无法信任别人,我必须当心"	133
案例	133
信任缺失的机制	136

第三部分 医治受伤的自信

关键一:更爱自己	144
学会了解真实的自己	145
过度自责	148
不再自我指责	158
停止罪恶感	164
关键二:敢于行动	179
激发您的自信	181

敢于面对，做出决定	195
自信行动之诀窍	213
关键三：在交际中做自己	236
敢于表达您的需求与愿望	237
大胆说出您的不悦	244
敢于说"不"，敢于商议	250
敢于回应抨击	259
敢于做自己：肯定本真的自我	266
更多相关内容	272
如何发掘您的成见？	273
放宽您的生活准则	277
放下成见：让思想"民主化"！	282
结　语	301

第一部分

自信的机制

Les mécanismes de la confiance en soi

自信的缺失侵蚀着您的生活。它使您身陷痛苦，行动受阻，人际关系恶化。它影响您的工作表现，情感生活，家庭关系。在改变自己、接受有效的治疗之前，您需要先清楚地认识自信的心理机制。

在阅读这一部分时，您一定会从字里行间看到自己的影子，并会了解到自信的缺失将对日常生活的各个方面带来怎样的不良后果。

自信缺失对生活的侵害

自信的缺失可能会对日常生活造成非常严重的后果：您不再做想做的事，本来能够做到的也无法达成；您感到沮丧，不满，任人宰割；失败接踵而至，为此您不停自责，结果却让自信更加匮乏；您的自我形象负面至极，人际关系也问题重重。但请勿担忧，这一切都出自一种机制，而所有的机制都可以被逆转，所有的恶性循环都可以变为良性循环。

阻滞、逃离与失败

不敢行动

我们常听人说:"想得到,就做得到!"这句话没错,但前提是一个人得有良好的自信。如果您缺乏自信,您的意志就起不了作用了——想要行动,却不敢行动。自信的缺乏会阻碍您表达自己的意愿和需要,也会使您无法获得想要的事物。缺乏自信并不是缺乏意志力,而是一种行动困难,甚至是一种行动障碍。

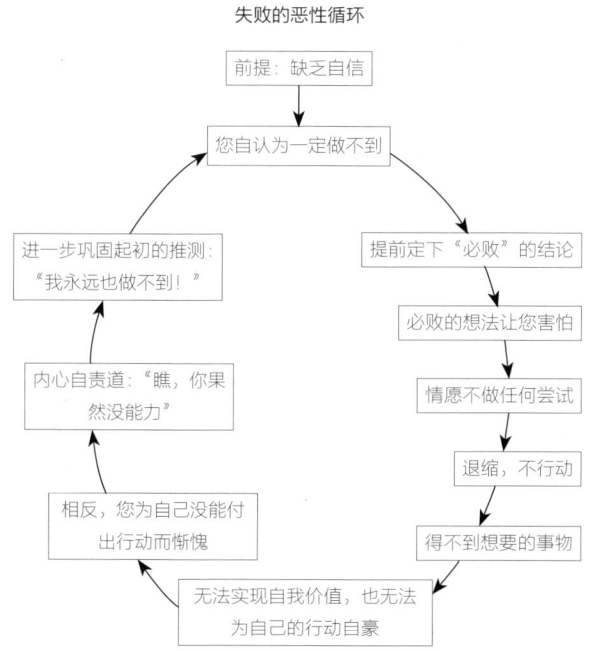

失败的恶性循环

那么，这种"阻滞"的机制是什么呢？

它是对目标无法达成的恐惧感，即您提前下了"必败"的结论，从而使一切行动陷于瘫痪。

假设您想要在上图的某个环节打破这个恶性循环，比如，您决定弱化失败的严重性，做出一个不会产生不良结果的行动选择，这时，您只需要选择一件您极有可能成功的事情。方法如下：选取您擅长的领域，并邀请亲近的人陪伴左右（这些建议都将在本书第三部分第143页起得到详述），那么，当您采取这一行动时，您的恶性循环就会翻转成下面图表中所示的"成功的良性循环"。

成功的良性循环

选择您擅长的事开始行动 → 您认为自己可以做到 → 弱化失败的严重性 → 不再因失败的想法而恐惧 → 做出尝试 → 获得成功 → 为自己感到自豪 → 成功实现自我价值 → 相反，您为自己没能付出行动而惭愧 → 您感到自己甚为高效，从而产生个人满足感 → 有动力进行之后的行动，并越发经常地告诉自己能够做到所以，自信是一个过程，是一个可以被逆转的机制。自信缺失是有法可解的。

企图逃离

您的"逃离"表现在以下情景中：

▸ 外出就餐时，绝不做第一个踏进饭店的人！您情愿让朋友先走，一边对他／她说："你去问问能不能给我们个靠窗的座位吧！"于是，侍应生向您的闺密热拉尔丁绽放出迷人的笑容："当然啦小姐，我马上为您服务！"

▸ 避免当众发言："嘿，贝尔纳，你能替我在会上做一下业绩报告吗？今天我不太在状态，特别紧张。你看上去挺轻松的，我觉得你肯定能比我做得好！"过后，贝尔纳替您受到了上司们的赞许："非常好贝尔纳！祝贺你的团队取得这样的业绩！太棒了！"

▸ 从不请人来家中做客："我连想都没有想过。他们会发现我厨艺糟糕透顶，而且我根本没话可聊！"

▸ 不敢邀请心动的对象吃饭，虽然她早就成了您和朋友们的话题中心："想想看，她很快就会发现和她交往的是个什么人！你觉得她怎么可能会对我这种人感兴趣？"

失落连连

您的生活成了这番模样:

▶ 工作中,您被大材小用,因为您不知如何展现自己。

▶ 感情上,您的另一半显然配不上您,可是您毫不自知。所有朋友都这么说,但您把自己看得很低,而您选择的伴侣更是让您深陷于低下的自我中,不可自拔。

▶ 人际关系里,朋友们都利用您。您一向乐于助人,但总是单方面地付出。当您需要他们的时候,他们却无影无踪了。您也不敢要求他们用同等的真诚来对待你。

躲开,躲开,再躲开……

您与这些无缘:

▶ 结识新朋友;

▶ 投身新计划;

▶ 创造;

▶ 抓住机遇;

▶ ……

"掩藏术"

您看起来就像一只小老鼠，竭尽全力保持低调：说话时格外小声，开会时躲在最后一排，派对时缩在大厅一角。您的装束从来都与亮丽或优雅无关，永远都是牛仔裤配宽松套头衫，以免吸引别人的目光。您常常低头盯着自己的脚，细声细气，心里不断地否定自己。当有人前来试图与您交谈时，您的脸涨得通红，找借口速速溜走。然而，在这种极为克制的表象下，您的头脑却正好相反，一刻不停地思量着。各种想法交织在一起："别人会怎么看我？有人接近我的话该怎么回应？最好谁都不要靠近我！"

您的内心世界丰富无比，与那些自信满满、一切都显露在绚丽包装上的人不同，您是一块被报纸包裹的宝石："这样，谁都不会来打扰我了！一个人清净清净多好！"不过，问题来了：您并不知道自己是宝石，而一直都觉得自己只是一片玻璃。这块宝石不仅体现不出真正的价值，还被您不惜一切代价地遮掩它的光辉。

掩藏术对您而言简直就是驾轻就熟。您的所有行为都是为了不让别人看到您，注意到您。有些与您相似的人会为即将发生的事做足准备，或至少会避开可能让自己恐慌的情形。派对开始前，他们早早地问清谁会出席。他们讨厌说走就走的旅行，讨厌惊喜，因为他们觉得自己没有能力面对这些突如其来的事情。为了一场口头报告，他们准备的时间超过任何人，以应对听众可能提出的异议和陷阱式疑问。

负面情绪

当一个人缺乏自信时，他可能会产生五种主要情绪（并不一定同时五种皆有）：

▶ 伤感或沮丧、颓废、自卑。您在心底里认为自己既无趣又无能。

▶ 恐惧或忧虑，害怕失败。意料之外的事让您束手无策，从而使您无法付诸行动。行动对您而言意味着致命的风险。所以，您告诉自己绝无能力面对这一切，于是便活在持续的忧虑之中，企图预见所有不可预知的状况。

▶ 罪咎感："全是我的错。"您不停地自责，认为必须要更低调、退让、少行动，以免再次担责或犯错。

▶ 因让人失望而产生羞耻感，或害怕让人失望，从而极尽低调。您常常担心别人对您会有负面的看法。

▶ 感到被排斥、遗忘、孤立、离群索居，因而觉得自己是不被接受的异类。

如下表所示,以上每种负面情绪都对应一种思想和行为方式。它们都会造成同一种后果:您的自我形象严重受损。

情绪的影响也会在您的身体上表现出来。一旦出现问题,您的身体立刻会出现反应:脸红、燥热、心悸、双手发抖、语无伦次、词不达意。有时,这些反应甚至会发展成呕吐、恐慌等病症。

情绪	思想	行为
伤感	我没什么价值	我没有行动的动力了
恐惧	我肯定做不到 我肯定没法面对	我必须事先考虑好一切 我要避开意料之外的事
罪咎感	都是我的错	我还是退居幕后吧,少做少错
羞耻感	别人会把我看得很糟糕	我得远离人群(尤其是那些让我有压力的人),避免被他们议论
被排斥	我和别人不同(是异类)	我不要和别人有什么关系,一个人待着就好

糟糕的自我形象

这些看法会使您陷入对自我的不满中。如果您不加注意,这可能会演变成心理疾病。所以,您应该做的是重新学习用另一种方式与自己对话，学习对自己使用正面积极的评价。不过，糟糕的自我形象不仅仅呈现在自己的眼中，它也被您展现在了他人的视线里。由于您一直退缩不前、否定自己，别人会认为您是个微不足道的角色。因此，学习展现自我价值极为重要。

自信缺失者的常见负面想法

- 我做不到！
- 我一无是处！
- 他/她肯定会抛弃我；
- 别人不再喜欢我了；
- 我会伤害别人的；
- 我又出丑了；
- 没人对我有兴趣；
- 我拙口笨舌；
- 我不够有文化。

缺乏自我肯定对人际交往的影响

在人际交往中，我们可能会遇到以下五大障碍：

障碍一：
无法表达需求和愿望

当您在城市里迷路时，您情愿一个人花上数小时寻找方向，也不向路人询问，只因害怕打扰他人。购物时，您从不坚持向卖家要回找零。若要让您提前一小时下班带孩子去看病，是不可能的事，老板一定不会同意。问问健身课上认识了两个月的朋友能不能开车捎您回家（他就住在离您家几米远的地方）？不，您宁可顶着滂沱大雨一个人步行，也不想麻烦他。

缺乏自我肯定的后果累及生活的各个方面。您之所以不敢提出这些要求，是因为一些先入之见困扰着您："我决不能小题大做。我会打扰别人的。我的需求就让别人来猜吧。问这些没有用，肯定会被拒绝的。"

然而，如果不向他人表达您的需求，您的自信会受到影响，如图中所示。那么，怎样更自如地表达出您的需求呢？（请翻阅第三部分中的"关键三"）

障碍二：
心存不满时，不敢表达情绪

由于害怕他人的反应，您把所有的不满都积存于心。于是，对方继续冒犯您，而您对自己甚为不满，因自己不回应而

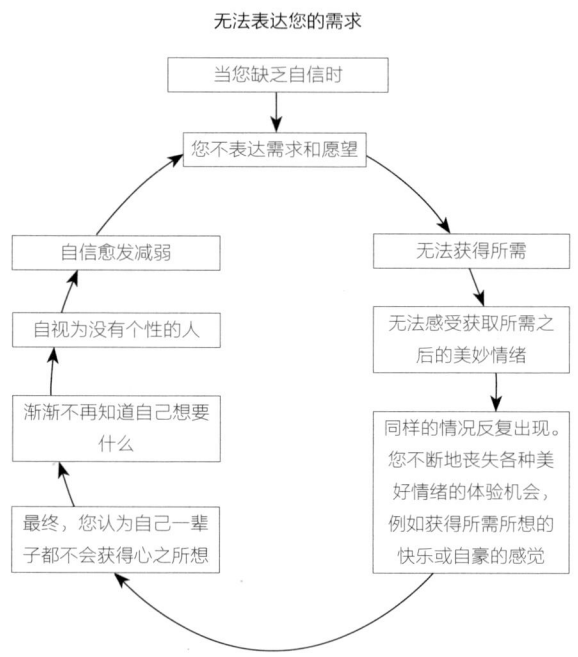

恼火不已。您质问自己："我难道是一块让人擦脚的抹布吗？是任人摆布的傻瓜吗?!"您成了失败主义者："没用的，做什么都不会改变现实。"当不满积累到心中再也装不下时，您终于爆发，充满攻击性地吼道："人人都利用我，太过分了！"

若您遭遇困扰却一言不发，您将蒙受一系列损失：

▶ 邻居晚归后依旧噪声不断，使您不得安眠。您不敢请他注意减少噪声。

▶ 男友/女友在朋友面前照样嘲笑您,大揭您的隐私。您却不敢告诉他/她这种行为让您不悦。

▶ 配偶在平日里继续贬低您。您因自认价值低微,便觉得他/她不无道理,所以任他/她评说。

▶ 孩子们仍然把家里搞得一团糟。您在内心不停地抱怨,但嘴上却什么都不说,默默地整理、打扫。

又一个恶性循环由此形成,如下图所示:

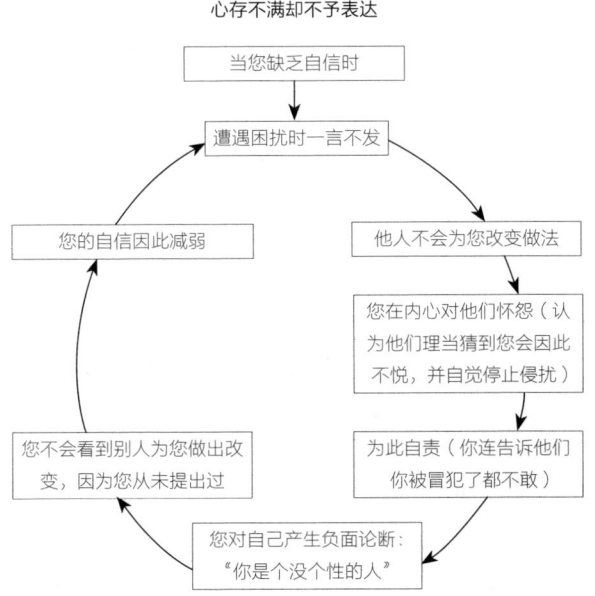

与前文类似，阻碍您表达不满的也是一些先入之见：

▸ 说了也没用，他（她）不会为我改变的；
▸ 我会引发冲突的；
▸ 是我要求太多，我太挑剔了；
▸ 我不可能学会表达自己。

障碍三：
难以说"不"

一旦如此，他人就会试图利用您、践踏您的底线；而您都不太清楚自己的底线是什么了，因为您不习惯提出反对意见。

这一情形的后果可能相当严重：

▸ 他人不断地利用您。付出最多的总是您，可是您却不一定能得到回报。

▸ 这种乐善好施的态度带给您良好的形象，使人觉得您很好相处、心地善良。但事实上，您觉得自己就是个"大傻瓜"。

▸ 您对您的隐私、您可接受和不可接受的事物的底线，常常模糊不清。因为不敢拒绝上级认为很紧急的任务，您便任其使您工作到深夜，即使您早就该下班了。

▶ 伴侣强迫您配合他/她完成某些您不愿意的性行为，您不敢对他/她说不。

"玛丽，你这个随便的女人！"

正如我们在新闻里看到的那样，在性这个领域，难以说"不"可能会造成悲惨的后果。

玛丽是个极其害羞、保守的年轻女孩，从来都不会说"不"。她回忆起一段可怕的经历："起初，我这么做没什么关系。有男生请我跳舞的时候，即使我对他没什么兴趣，我也不会拒绝。但当有一天，在一个派对上，有个男人想吻我的时候，情况就变得糟糕起来。更糟的是，这个男人随后提议出去透透气；再后来，他就把我带回他家。进了车库，他开始脱我的衣服。这时，他说得出去打个电话。一分钟以后，他回来了，继续脱我的衣服。而过了十分钟后，我终于明白他为什么要出去打电话了——他的三个朋友走了进来，关上了门。"玛丽泪流满面地说，"这四个男人轮奸了我！整个过程中我完全不敢出声。我实在是太羞耻了，羞耻到没法报警告他们。我甚至都没有告诉过父母（事发时我19岁）。总而言之，现在只有当别人要和我睡觉的时候，我才会觉得自己看得过去。我只配被人指着鼻子说：'玛丽，你这个随便的女人！'"

玛丽的悲剧并没有结束。现年40岁的她极为轻视自己的身体，以至于她仍然对所有人都来者不拒，与自己期待的幸福生活背道而驰。幸运的是，她最终决定认真地接受心理治疗，慢慢学会尊重自己。在治疗过程中，玛丽因学习拒绝的方式而大受震动。渐渐地，她懂得了如何向他人明确自己的底线。

当我们不说"不"时，会形成一个恶性循环（如图中所示）。

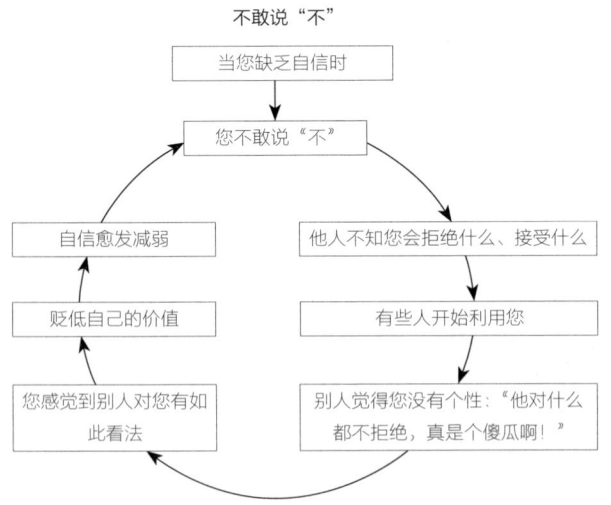

一些先入之见导致了我们不会说"不":

- 如果我说"不"的话,别人会不舒服;
- 这样会导致冲突;
- 别人要我做的,我必须去做;
- 说"不"就是自私的表现!
- 要说"不",就要解释、找说得通的理由;
- 如果我没有马上说"不"的话,之后再说就晚了。

障碍四:
遭受攻击时从不保护自己

老板:真是的,洛朗斯,你又弄错了!

洛朗斯:……

老板:我早就跟你说过了,做之前要先看编号。这一点都不复杂吧?!

洛朗斯:……

老板:我已经对你强调过了,要更加严谨、更加仔细!

洛朗斯:对不起,我没注意。

老板:今天不算太严重,但下次可能就会很严重。所以,要严谨啊洛朗斯！严谨！

洛朗斯：……

就像这则对话中显示的那样,当老板责备洛朗斯时,她不知所措、哑口无言。她的表现完全变为被动,也就是说,她让对方任意发挥权力,而她自己完全不表达自己的权利,一言不发。若类似的情形重复发生,洛朗斯也许会落入一种削弱自信的恶性循环(如下图所示)。

面对指责从不保护自己,从而产生的恶性循环

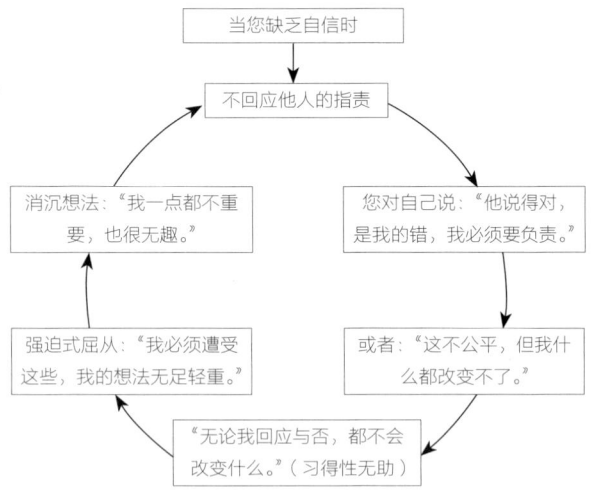

事实上，这一恶性循环可能会逐渐把您拖入一种被精神科专家称作"习得性无助"（learned helplessness）的机制中。这具体是一种什么样的机制呢？当主体感到自己无力改变事物时，他便自忖："无论我行动与否都不会带来任何改变，不管我是否回应这些指责，都不会发生什么变化！"若这种习得性无助的机制不断重复，主体可能会陷入很严重的抑郁状态。即使未到抑郁的地步，从不保护自己的做法还是会在诸多方面产生后果：

- 在同事面前被当众贬低；
- 被好斗，好纠缠的人乐此不疲地挑衅；
- 因不会自卫而自我贬低；
- 面对可能发生冲突的情景采取一概逃离或躲避的方式；
- 鲜少表达自己的想法，或一味地让他人表达想法。

这种不自保的态度源于您思想中的某些偏见，如"上司有权做任何事情，包括反复指责、质疑下属"，或"他责备我的话，肯定有他的道理。我确实没有完全达到他的要求"，或"辩解没有任何用处"，或"从小，大人就告诉我，要尽量避免冲突，不然事情就会没完没了的"。

在此，您需要明白的是，即便您以个人的进步和提升为由，必须以开放的态度接受别人对您行为上的指责时，您也应该在自己的人格被侵犯、价值观被论断之时捍卫自己。简单来说，您可以选择忍受别人对您所做的事，也就是您的行为做出的批评；但当他人攻击的是您的为人，也就是您的人格时，您应当保护自己。每个个体都必须确保他/她的精神存活（psychic survival），不可任由别人摧毁其自我形象。若非如此，您的自信缺失会日趋严重。

但您需要学习如何不以攻击性的方式进行自我防卫，因为攻击性的回应通常会迅速导致冲突。您最好避免这样的升级。本书第三部分中的"关键三"将介绍一系列技巧，为您提供帮助。

障碍五：
鲜少显露自身价值

好的事物的存在是合理的，人们不会在经历它时止步不前。只有追求完美、做错事、失败这三种事会消耗您的精力，占据您的注意力。

您说："医生，为什么您要祝贺我完成了您上周让我做的事？这再正常不过了！本来谁都该完成别人交代的事，做不到就该受责备……"如果有人告诉您："你穿这条裙子美极了！"您便回答："不不，这裙子是打折时买的，没什么好的。"随后您打量闺密的裙子,说她看起来比您美多了。您是赞美之辞的绝缘体,不习惯为自己的正面行为或优点感到高兴。

当您和其他人在一起时,表现得极为低调。您从不显露才能,总是让位给别人,任他们发挥价值。您就像自行车赛冠军兰斯·阿姆斯特朗(Lance Armstrong)的队友一样,每年为期三周的环法比赛中,您都不遗余力地骑着,为了使领头的阿姆斯特朗在赛道上保持良好的位置。当队友们眼看阿姆斯特朗不再需要他们(他会向他们示意),他们就会离开,让他继续前行,最终独享所有的欢呼与掌声,独占黄色领骑衫!这一领袖的位置与您无缘,因为别人若是注意到您,您会惊慌不已。您情愿在暗处默默付出,让他人发光。由此,便形成了一种恶性循环:

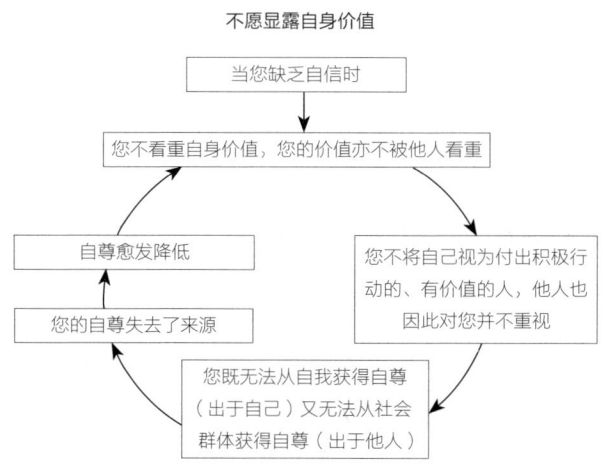

即便我们起初的自尊是健康的,我们仍需要每一天都来学习维护它,使它在我们的整个人生中都保持良好的状态。修复自信是一生的功课。为了避免产生"故障",定期的维护是很重要的!

阻碍您显露自身价值的偏见包括:

- 这么做太自负了!
- 做好一件事是正常的;
- 除了完美之外,没什么了不起的;
- 我太显山露水的话会让别人不自在;
- 我会招来嫉妒和敌意。

自信缺失对生活各个方面的影响

工作表现,个人生活,情感交流,家庭关系,友谊互动……自信的缺失会侵蚀生活的方方面面。

工作表现

28岁的阿蒂尔是一位法语教师。由于缺乏自信,他在学生面前毫无威信。班里青春期的孩子们不仅嘲笑他的手势、声音,还在课上或别处公然让他难堪。阿蒂尔根本没法让他们闭嘴。他们甚至会拒绝上交学生手册。当阿蒂尔准备惩戒学生时,他们就大喊不公。除此之外,学生们从来都不照阿蒂尔的要求去做,课堂永远都是一片喧闹,少数几个认真的学生也无法好好学习。至今为止,阿蒂尔在两次教学审查中都收到了负面评价,而校方也通知他,若是再建立不起威信,就不太可能授予他正式教职了。

卡罗琳是一名出色的销售,才26岁就被升为主管。工作中的她如鱼得水,表现完美,深受上司们赞赏。实际上,卡罗琳是完美主义者,一直都喜欢把所有事情都做到无懈可击。可以说,她是上司们的"定心丸"。然而,有一天,她状态极差地来到诊所,边哭边说:"我去求了上司让我做回销售员……我实在不知道怎么让手下的员工服我,每次我要他们做什么,他们都会当众为难我、质疑我。昨天,我提醒其中一个人说他没去见马丁先生,也就是我们最大的客户之一。他当着所有人的面对我吼道:'我受够你了!你要求真多啊!我们做什么你都不满意!'"卡罗琳手下的团队还有十二位销售人员,总的来说,他们合作得很顺利。几乎所有销售人员都希望卡罗琳继续做他们的主管,因为她相当友善。不过,所有员工也都认为她缺乏威信,以至于让少数人"钻了空子"。

从以上两则事例中，我们都能看到，自信的缺失可能会打乱您的整个职业生涯，阻碍您在工作领域的全力发展与提升。另外，与卡罗琳类似，前来咨询的许多人都想申请降职或拒绝接受新的任务；而事实上，他们不能承担新的责任，并不是因为能力不足，而是因为自信缺乏。他们不确定是否能够面对这种新责任带来的挑战。

情感生活

在数次咨询之后，克莱尔终于说出，她情感生活不幸福的原因是爱人不想要孩子。其实他离过婚，比她年长15岁，已经有四个孩子了。在他们相爱之初，他就已经为这段感情定下了条件：不要孩子。当时，克莱尔接受了。但如今，38岁的她开始困惑："我以为他会慢慢改变主意，出于爱而和我生一个孩子的，但我想错了。"最近他们谈了一次，而她的爱人再次确定自己还是不想要孩子，同时特别指出，两人刚在一起的时候他就已经说过了。说到这儿，克莱尔羞愧地低下了头。她在内心深处，早就猜到了爱人的回答，所以这几年来她才一直没有触碰这个话题。

当克莱尔对自己的感情进行客观的梳理时，她意识到，这并不是一段让人满意的关系，负面事实远远多于正面因素。

克莱尔的情感生活梳理

正面事实	负面事实
我们有共同的计划（如登勃朗峰）	他不想跟我要孩子
	他对我说话的态度很差
我们一起在山间买了一套单间住房	他经常发火（甚至在客人面前）
	他不欣赏我
	他不主动
我们有些共同点，看问题的方式接近	他的情感完全不外露，对我不温柔
	一旦我与他意见不一，他会当众羞辱我

克莱尔承认，这段感情是没有未来的，而且若没有孩子，自己永远都无法成为真正的女人，永远都不会有真正的快乐。此外，所有的朋友都告诉她，自从她和这个男人在一起以后，她看上去一直都不幸福。克莱尔完全没有自信。她觉得自己无法一个人度日："我也确实从没试过单身，我从来都是和另一半一起生活的。"这时，克莱尔认识到这已经是第四段失败的感情了。每当她选择一个伴侣时，她都只是为了让对方陪着她，以掩饰自己对孤独的焦虑感。由此可知，克莱尔的心理疗愈有两个重点：首先应当医治她内心的孤独恐惧症（具体方法见本书第三部分）；其次是重新按照自己"成为女人"的人生

计划考虑伴侣的选择,而非把找另一半当作"抗孤独的灵药"。

事实上,多年以来,这两个问题始终纠缠在一起,使得克莱尔陷入一种恶性循环,无法独自走出来。

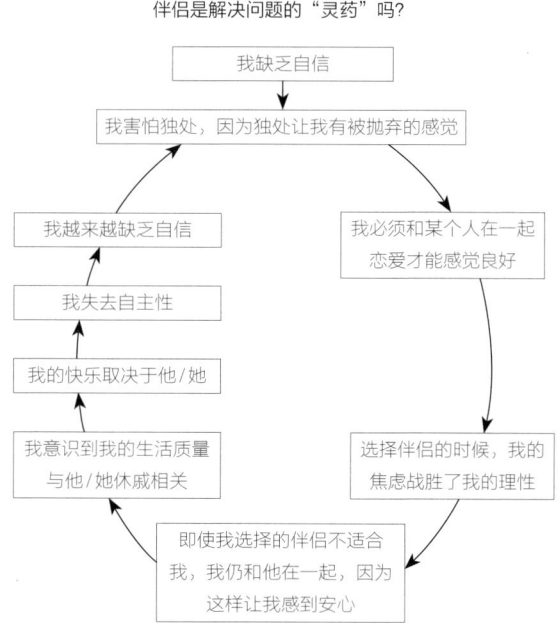

伴侣是解决问题的"灵药"吗?

友谊互动

自信的缺失会让您陷入将自己与他人不断比较的漩涡中。我们称之为"评价焦虑"(evaluation anxiety)。阿梅莉对最好的朋友朱莉娅说:"你法语考试得了14分,我只得了12分。"于是，阿梅莉也许会对成绩比她好的朋友产生嫉妒心理。

此外，当您不断地专注于自己的失落时，您很可能会不再关心朋友。最终，他们会觉得自己被无视了，认为您"过于以自我为中心"，接着就会与您保持距离。若您重拾自信，您就不再需要拿自己与别人相比，不用通过自己比某人强的想法获得良好的自我感觉。那时，您就能够完全不带嫉妒心地为朋友的成功感到高兴。您将从把他人作为比较对象的占有式关系过渡到看每个人为独立个体的自由关系。

自信缺失对一生的影响

前面我们提到的卡罗琳继续补充道："我刚刚说到自己很难承担销售主管的职位，某些下属也不服我。但不仅仅是这些。其实我意识到，一直以来我都缺乏自信。比如，大学毕业答辩时，我恐惧到了极点。再早些，我记得自己怎么都不敢去考驾照，因为太害怕考不过了，而且也惧怕考官看我的眼光。再往前，我还记得在上小学的时候，我的成绩不如别的一些同学。那时我才7岁，但我已经这样告诉自己：我成绩不好，所以我是个微不足道的丫头片子！"卡罗琳还能举出许多类似的经历。照这样下去，她一生都会把这些全部视为失败或缺失，认为自己毫无价值。

这些事例表明，自信缺失会给我们的生活带来多么严重的困扰。不过，请勿担心，心理专家们懂得您的难处，他们将帮助您深入其中，层层剖析。

心理专家有话说

写在前面

首先，"信心"一词该如何定义？

法国《罗贝尔大词典》(*Le Robert*)提供了两种解释："1. 一个人对某人或某件事物所抱有的坚定期待和强烈确信。2. 对于自身的信赖、信任感。"

《大拉鲁斯百科全书》(*Grand Larousse encyclopédique*)的释义是："1. 一个人对于某人或某事物的信赖、仰赖感。2. 因对自己的仰赖、内心的果决、勇气和坚定而产生的行动。"

三十多年来，以上"信心"的定义始终如此，未曾被修改。通过它们，我们可以看到信心的两种形式：

▸ 对外部世界的信心：针对某人或某事物；
▸ 对自身的信心。

词典中首先提到的概念皆是对外部世界的信心，而对自身的自信则都屈居第二位。不仅如此，《大拉鲁斯百科全书》中还引入了"行动"的概念，即仰赖自己、依靠自己的概念。此处蕴含着一个决定，是由一个人自己做出的决定，决定的对象也是自己（将自己托付给自己）。所以，这个对信心的定义是以自我为中心的。我们也可以视之为一种离心的定义，因为它从自身出发，最终再回到自身。用简单的话来说，就是为自己而行动。

这种对"自信"的理解方法因它的自我中心特征而受到了抨击。这一理解在20世纪60年代使自我心理学愈发受到推崇并发展至今。但事实上，自信同时也是通过我们与他人和其他事物的关系体现的。词典中清楚地定义了我们与外部世界的关系："对某人或某件事物所抱有的坚定期待。"的确，我们的心理平衡必须通过建立良好的社会关系和对他人的尊重来实现。这也是长期保持健康自信的最佳方式。

自信的三个层面

自信可以分为三个层面，每个层面都有其独特的根源和表征。各层面互相连接后，即形成一个金字塔型的三层结构：

▶ 底层：自尊。每天早晨，当我醒来时，在开始这一天之前，甚至在开始与任何人有接触之前，我是否将自己视为有价值、配受尊重的人？我的价值原本如何，就是如何，不多也不少；即便我失败了，我也不会因为我的行为或人际关系而质疑我的价值。

▶ 中间层：严格意义上的自信。它与个人能力有关，是您在您的行动、决定和计划中的信心，不一定与他人有关。

▶ 顶层：与他人的互动联系、人际关系上的能力，或自我肯定。您与他人是否正处在良好的关系中？

"我"：自尊

有自信，就是由自己且为自己做决定。自信的这一形式被

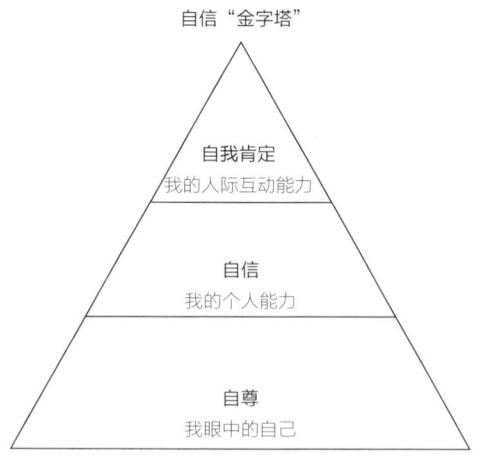

自信"金字塔"

心理学专家们称为"个人自尊",即我们对我们个人的全面价值评判,如"我觉得我是个一无是处的人",或"我觉得我是个了不起的人",又或"我觉得我是一个有价值的人,既有优点又有缺点。我照着我真实的样子接纳自己"。

个人自尊早在童年时期就已经开始形成了,它也是自信的基础。若无自尊,一个人要建立自信是极其艰难的,比如说,即便您在生活中连续不断地获得成功、众人都赞叹不已,您自己也毫无成就感。一个人的价值是属于个人的,我们每个人都拥有各自的价值,其他任何人都无权加以指摘——如果您未曾在早年明白这一点,那么您就是缺乏个人的自尊。不过,请放心,即使是在这种情况下,您还是可以借助一些方法提升自尊。请参照本书第三部分。

您的行动:自信

在前文从词典摘录的定义中,有一条写道:"对某件事物的仰赖。"自信的这第二个层面关乎我们对个人能力的感想:"我是否有能力完成这件或那件事?我是否能工作出色,成为好家长,麻利地修补家私,做一手好菜,钻研某个体育项目,找对行车路线、自主随心旅行,不需陪伴地自己坐公交、地铁、汽车、火车出行,一个人去商店提出退换货等。"

我们对自身能力的感想，包括我们的行动力、决断力、执行力和将一件事做到底的毅力，就是我们所称的严格意义上的自信。若在幼年时，每当我们做成一件事就受到鼓励与表扬，我们就会在早年即获得自信。同样地，若身边的人帮助我们淡化、抚平我们遇到的失败，同时给出使我们进步的方法，而不是一味地用失败带来的教训和形成原因来怪罪我们，那么我们的自信也会很早形成。

其他：自我肯定

如果没有外界的参与，我们的自尊即使在最初状态良好，却不足以长期支持我们拥有健康的生活，除非我们生活在"象牙塔"、利己主义中，并且如同俗话所说，"彻底无视他人的意见"。

这样的态度是否现实？心理学研究人员证实，"社会支持"（social support），即他人带给我们的帮助与支持，是避免抑郁的最佳方式。如今，这一聚焦人际关系的概念已经成为治疗抑郁症的有效手段。研究表明，从长期来看，若对患者的人际关系加以努力改善，在使用同等药物的情况下，抑郁的复发率会大大降低。

当他人对我友善、支持我，或肯定我的行为时，我会更爱自己、更欣赏自己。这就是为什么我们必须与他人建立良好关系，向他人表达我们的愿望、需要、情绪，同时也尊重他人的愿望、需要和情绪。这里提到的尊重他人在我的第一本书《肯定自我》(*Affirmez-vous!*)[1]中有大量论述。事实上，若您的自我肯定得以提升，您的人际互动能力也就会自然提升。您会与更多的人建立关系，这些关系也会更亲近、更具深度，您的自信也会显著增加。本书的第三部分将具体谈到提升自我肯定的方法。

自信的这三个层面并非独立存在。它们互相补足，且常常彼此相交。而当其中某一个层面出现缺失时，我们就是一个脆弱的人。

	自尊缺失	自信缺失	自我肯定缺失
根源	缺少情感食粮[2]	孩提时做出的最初行为收到的回应态度	早期人际关系中的心灵创伤与失败（如在校期间曾被当作"冤大头"）
定义	自我形象	我的行动	我与他人的关系
常见的成见	我一无是处，无甚价值	我觉得自己没有能力	我需要别人喜欢我
涉及方面	我的全面个人价值	我自发行动的能力	我与他人互动的能力

---

[1] "自助指导"("Guide pour s'aider soi-même")系列，Odile Jacob出版社，2000年出版，2002年再版。
[2] 短语出自鲍里斯·西瑞尼克（Boris Cyrulnik）的著作《情感食粮》(*Les Nourritures affectives*)，Odile Jacob出版社，1995年。

（续表）

	自尊缺失	自信缺失	自我肯定缺失
可能发展出的心理疾病	慢性抑郁症 人格紊乱	抑郁症 全面焦虑症	社交恐惧症 躲避性人格障碍
疗愈方法	人格医治	行为医治	自我肯定医治

自测：您有自信吗？

那么，您是否缺乏自信呢？

以下的小测试将帮助您回答这个问题。请凭第一反应快速回答以下问题，不用考虑许久。请在每个问题后相对应的方框内打钩。

	完全符合	比较符合	不太符合	完全不符
1. 我怀疑自己的能力				
2. 我很难对与自己有关的事做决定				
3. 我的穿着一向非常低调，尽量让人不要注意到我				
4. 我非常害怕失败				
5. 如果我不确定会成功，那么我情愿放弃				
6. 我更倾向于把情绪放在心里，而不是将它们表达出来				

(续表)

	完全符合	比较符合	不太符合	完全不符
7. 所有未曾预料的事都会让我担忧,尤其当我掌控不了时				
8. 我对自己的看法比较消极				
9. 我经常抱怨				
10. 我是完美主义者				
A 组问题总分 =				
11. 我很难说"不"				
12. 他人对我的表扬让我不舒服				
13. 我不常表达我的需要和愿望				
14. 批评指责让我深感不安,我也不知如何回应				
15. 在集体中,我不常发言				
B 组问题总分 =				
16. 有时我认为自己没有价值				
17. 我认为自己的缺点远远多于优点				
18. 我觉得自己的价值比别人低				
19. 我希望别人更尊重我				
20. 我对自己的看法非常负面				
C 组问题总分 =				
A 组 + B 组 + C 组总分 =				

评分标准

计分：

▶ "完全符合" 计1分；

▶ "比较符合" 计2分；

▶ "不太符合" 计3分；

▶ "完全不符" 计4分。

将第1至10项的分数相加，计算A组总分；然后将11至15项的分数相加作为B组总分；16至20项分数相加作为C组总分。最后，将三组的分数（A组分数＋B组分数＋C组分数）相加得出总分。

▶ 您的总分在60至80分之间：您的自信状况非常好。您只需注意一下自己是否属于过分自信，以至于支配或压制他人。

▶ 您的总分在40至60分之间：总体看来，您的自信状况较理想。您只需留意得分较低的组别。

▶ 您的总分在20至40之间：您的自信状况不甚健康，需要改善。

▶ 您的总分在0至20之间：您的自信状况较差，请尽快采取措施，加以重视。

如何依据您的得分使用本书？

▶ A组分数显示您的自信程度。若您的这一组得分在20分以下，请翻阅本书第三部分"关键二"。

▶ B组分数显示您的自我肯定程度。若您的这一组得分在10分以下，请重点阅读本书第三部分"关键三"。

▶ C组分数显示您的自尊程度。若您的这一组得分在10分以下，请翻阅本书第三部分"关键一"。

▶ 您的自测总分很低？不用担心，您将可以借助一些解决方法来面对这三个彼此关联的层面。自我肯定的提升极有可能产生级连效应，带动您的自信和自尊的提升。事实上，无数专家均证实，心理学上自我肯定的提升方法会从深处改变您的人格。

倒香槟啦！

也许您曾在参加婚礼时见过香槟塔。香槟塔的原理就是只需通过倒满顶部的杯子，就能将其他杯子都倒满。在级连效应之下，当上面的杯子满了的时候，它会自动地把酒注入下方的杯子中。下方的杯子被倒满时，又将会继续把下一层的杯子倒满，以此类推。

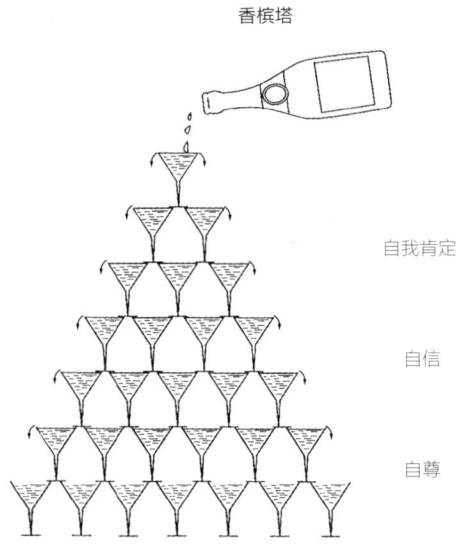

行为的改变会带动自我形象的改变

您也可以与婚礼上的新人一样,只需将顶部的杯子倒满,之后您便会看到,下方的杯子里都有了可喜的成果。也就是说,若您在尊重他人的前提下学会了自我肯定,那么您就会对自己、对自己的能力都更有自信,并拥有更好的自我形象。

判断一个人,应按照他的人格还是行为?

"医生,您都看到了,我就是毫无是处,做出来的全是蠢事!"半小时过去了,伊莎贝尔向我讲述了自己工作不专心、顶头上司批评她,以及她和一个比自己年轻的男子约会的事。之所以和那人约会,是因为伊莎贝尔觉得这让她显得有价值,即便她很清楚,这是一段很危险的婚外关系。她已经几次尝试分手,但一直没有成功。"您瞧,我一点意志力都没有!我甚至没有对一个迷上我、让我感到自信的小男孩说'不'的能力!另外,这周我压力太大了,因为大儿子周六晚对我大发脾气,指责我不关心他白天在学校里获得的成绩。您瞧,我还是个失败的妈妈!总之我就是一个在各方面都一败涂地的女人!"

由于伊莎贝尔言之凿凿、不断举出她种种失败的证据,我们几乎要和她观点一致了。而随着时间推移,她自己也最终说服了自己,认为她确实糟糕透了。这已经不是一种印象或疑问而已了,而成了确定的事实。此外,在实际生活中,若这些行为真实存在(我的患者常常夸大其词),伊莎贝尔应该以实际行动调整自己,在工作中更加专注,同时改善与他人的关系,包括夫妻关系和亲子关系。但以上的这些能够说明伊莎贝尔是个一无是处的人吗?

为人格受尊重而辩护

判断一个人如何,能否仅仅根据他/她的行为?

‖ 不能，因为我们的个人价值不同于行为的价值

即使是罪大恶极的案犯，都不可能不经过诉讼就判他有罪。他仍有权利为自己辩护。而在伊莎贝尔的讲述中，她有否给自己留出辩护的权利？是否审视过自己还有什么缓和的余地？我们不都有可能在工作中犯错吗？许多父母不都曾有过忘记询问孩子近况的时候吗？某些人因为自我怀疑而与配偶产生嫌隙，难道不是常见的事吗？

当然，我们可以用严格的规矩为自己定下极高的要求："我必须在行为上无可指摘！无论做什么，我都要做到完美！"这是否现实？若您想要以合乎中道的眼光看待自己，您就应尽快采纳以下两条建议：

第一，给自己犯错的权利。当行为出现差池，就试着去改善。伊莎贝尔确实要在工作上更精进，在情感上终止以自爱为目的而与其他男人约会的需要，并可能要在亲子关系上更关心儿子的成绩。做出这些努力的同时，她应当原谅自己犯下的错误，这样就能帮助她改正错误。

第二，不要让他人对您的人格进行负面评判。每一个人都有他与众不同的自身价值，当然，在这点上寻求提升是有必要的，但同样重要的是，我们应当学习接纳自己的价值。自我接

纳是增强自信的一大利器。

"我"并不只是我们全部行为的总和。它跟随着时间的脚步、置身于环境和文化中，一刻不停地改变着。

自信缺失与心理疾病

与自信缺失有关的心理疾病

抑郁症

这是缺乏自信者中最常见的心理疾病。自信的缺失几乎就是抑郁的病根之一。抑郁症表现为陷入长期持续的伤感之中，丧失做事的愿望与兴趣，对所有的一切都不再有欲求和意志力，认为未来看似无望而难以做出计划。

一些身体症状也会伴随着抑郁出现：行动迟缓（无法做任何事）、疲劳、睡眠障碍、注意力与记忆力退化，以及各种形式的身体机能紊乱。

您的状态可能会维持在中度抑郁，但其持续性会困扰您数年之久，由此形成专家所称的"病理性性情改变"。不过，抑郁症也可能会以非常强烈、显著的形式迅速演变,使您的生活几近瘫痪。这些形式通常持续数周至数月,急需药物治疗。本书第60页的"成见一:'我做不到……'"和第84页的"成见三:'我一无是处'"都将提及这些形式。

社交焦虑症或社交恐惧症

这是缺乏自信者中排名第二的常见心理疾病。此时,自信缺失可以说是加重病症的一大因素。社交恐惧症表现为害怕他人。[1] 当一个人缺乏自信,且对自己充满负面评判时,就会倾向于惧怕他人对他的判断,并认为他人也对他充满负面评判。如果这样的想法很强烈,此人便很可能想要避免与他人接触,渐渐把自己关锁在孤独的生活环境中,抽身隐退、拒绝一切邀约和联络、拒绝升迁、拒绝当众发言等等。

这一病症甚为常见。据统计,2%—3%的人都深受其扰;它也较为隐蔽,易被大众忽略,甚至连心理医生都不一定会察觉。然而,它急需得到医护人员的关注。目前治疗该病症的方法已相当有效,[2] 我们将在本书第71页的"成见二:'我需要别

---

[1] 请参阅C. 安德烈(C. André)和P. 莱哲隆(P. Légeron)联合著作《害怕人群》(*La Peur des autres*),Odile Jacob出版社,2001年。
[2] 弗雷德里克·方热(Frédéric Fanget)著,《医治社交恐惧:群体行为及认知疗法的有效性》("Traitement des phobies sociales: efficacité des thérapies comportementales et cognitives de gronpe"),*L'Encephale*杂志,1999年,第25期:158—168页。

人喜欢我，欣赏我，认可我'"中提及。

广泛性焦虑症（英语缩写GAD，法语缩写TAG）

乍一看该病症的法语缩写TAG，会以为它和古城墙上的壁画有什么关系，[1]但事实上，它可是广泛性焦虑症！与社交恐惧症一样，它也属于高发心理疾病，患者占人口总数的3%—4%，在易忧虑、易怒、易操心和挂虑过重的人中尤为常见。自信缺失和广泛性焦虑之间似乎有着千丝万缕的联系，我们将在第120页的"成见六：'我总是自寻烦恼'"中进行探讨。

酗酒、厌食症、心理创伤

除了以上所说的心理疾病之外，还有许多病症与自信缺失有关。某些形式的酗酒便是如此。比如，有些人会以喝酒的方式在糟糕的自我形象中进行自我伤害和自我检视，也有一些人因害怕接触他人而依靠酒精壮胆。

患有厌食症的年轻女性常有自信缺失的问题。总的来说，缺乏自信是许多疾病的成因之一。

但某些重大事件也会导致自信缺乏，性创伤就是如此。例

---

1 Tag一词在法语中原意为"涂写在墙上的图样或文字"，此处的TAG实为广泛性焦虑症的法语名称（trouble d'anxiété généralisée）的首字母缩写。——译者注

如，乱伦会使受害人对自己的身体极难接纳，他们通常也都难以在人际关系中信任别人。第133页的"成见七：'我无法信任别人，我必须当心'"将关注这些问题。

与过度自信有关的心理疾病

欣快性躁狂症

与抑郁相反，受短暂过度自信困扰的人可能会出现"manies"（躁狂症）。这里的"manies"并非平日里我们通常所理解的"小怪癖"之意，而是真正的心理疾病。患者的性情会出现持续数周的欣快症状，表现为自认无所不能、优于任何人、行动极为亢奋。这种兴奋状态与此人日常的表现存在很大反差。

自恋人格障碍，以"我"为中心

那么，一个人是否可能长期不断地处于过度自信中？这是有可能的，并且也会引发一些问题。在您周围，有些人终日对自己信心满满，或者说他们看起来如此。这种过高的自我评估是长期持续的。

过度自信会产生三种问题：

▶ 表象使人起疑；

▶ 对周围的人产生影响；

▶ 对自身造成后果。

表象使人起疑：当您结识了一个表面上自信无比的人，不要以为他/她一定是坚强的。事实上，表面自信者分为两种：

▶ **真正自信的人。** 您不需要卖力讨好他们。这样的人会尊重您、让您充分表达自己。他们善于看到您的闪光点，并帮助您进步、提升。若您不主动提出要求，他们决不会代替您做什么。

▶ **假装自信的人。** 他们让别人深感压迫，因为他们需要通过控制他人来获得存在感。他们的眼中看不到别人，不会给人表达的机会，也不屑于花时间观察别人身上的优点。一般来说，他们会积极地替您行动，一旦您着手要做某事，他们立即横加指责……他们经常会告诉您，您错了而他们才是对的。他们始终想要掌控别人。这样的人格总要借助对他人的掌控取得安全感，因为，与强硬的外表相反，他们内心的自尊非常脆弱。在掌控他人时，他们不断尝试着支取自信。实际上，他们的自尊是社交性的，他们完全依赖自己创造给别人看的"掌控者"形象而活,从而对自己充满信心。他们不仅有着极为脆弱的自尊,还有可能在遭到质疑时立刻崩溃。

对周围的人产生的影响:在这样的人身边,您常感到被贬低、受刺激,被视作一无是处。他们会对您制造"什么都懂"的假象,但其实他们从不告诉您自己具体懂得什么。他们的话题中心永远是自己,而他们的口头禅就是"我……"。

对自身造成的后果:在这些人的内心深处有着您难以想象的情绪。他们始终处在极度的惶恐中,害怕遇到任何形式的批评或失败,担心这些会让他们不知所措。他们所有的自信都依赖于从他人那里获取的注意力,他们也需要肯定与赞美来滋养如毒瘾一般的依赖感。除此之外,鉴于他们只关注正面信息,他们无法进步。要让他们面对任何建设性的批评都是不可能的事。他们只会在其他人顺其道而行时才会看到别人的存在。一旦您想要提出不同意见,即便您的意见富有建设性,他们也会感到自尊心被深深伤害,同时竭力反驳,力证错的是您。

儿童自信心解读

我会不会把缺乏自信的特质传给孩子?许多前来咨询的母

亲们都常常会提出这个问题。如何回答呢？首先，她们确实应当加以注意，因为毫无疑问（也不用羞愧），父母对孩子自信的形成有着重大的影响。但我还是要迫切地告诉您，即便您自己缺乏自信，您还是可以起到积极正面的作用，帮助您的孩子获得健康的自信心。

童年在自信形成中的角色

儿童的自信有很大一部分取决于周围人们的态度（主要是父母，但不仅是父母）。心理学家罗森塔尔（Rosentahl）和雅各布森（Jacobson）两人曾做过这样的实验：他们让一批小学生参加了一场评估学习能力的考试。考试后，心理学家把孩子们分为两个班级：A班聚集了所有高潜力的孩子，而B班的孩子则潜力较低。学年末，他们给两个班的孩子做了与当初相同的测试。测试结果显示，原本就很有潜力的A班孩子们取得的进步远大于潜力较弱的B班孩子们。

您是否认为这个测试结果没什么可值得惊讶的？没错，不过心理学家向老师们撒了个谎，事实上，孩子们是被平均分配到两个班级的，A班和B班里潜力高和潜力低的孩子的数量是相同的！这次实验得出一个令世人震惊，也涉及伦理范畴的结论：

真正影响儿童学业进步的是教师对这些孩子的意见与期望。预先被视作资质欠佳的孩子不会引起教师的重视。在此我并不是要对教师们提出质疑，因为父母的态度似乎并无二致。您可以把上述实验的结论存记在心，在日常生活中谨慎对待既定成见。

大量聚焦儿童成长的心理学著作都曾深入探讨身边人物对儿童自信形成的作用，在此我不作过多的引述，读者们可参照附录中的书目选择阅读。不过，值得一提的是，多位作者均一致认为，一个人的自信心从早年就已开始建立，且在其童年的每个阶段都在不断成形。

这些主要阶段包括：

▸ 8—12个月，出现分离焦虑。在这段时期内，儿童意识到自己和母亲是不同的个体。当母亲离开身边，或当陌生人接近他时，他就会相当不安。所以，这时最重要的是要帮助孩子在某种程度的安全感中度过分离阶段，以此为他健康的自信打下良好基础。弗朗索瓦兹·多尔多（Françoise Dolto）建议，家长应针对这种分离使用一些专门"用语"，如"我今晚下班就回来接你"。

▸ 通常在2岁左右时，孩子突然开始学习说"不"。这一阶段同样至关重要，因为儿童正是在这时开始明白，并非所有事都办得到，并不是什么都能做，也并不是想要什么就能获得。于是，挫折感便会产生。这一阶段里，他同时也会开始与他人对立，习惯性地向父母说"不"。此时，应当尊重孩子的对立需求——即使是以略带夸张、讽刺的意味——因为如此便会让他们确立自己有独立人格，从而建立自信。

▶ 接下来就是心理学家所称的"俄狄浦斯情结阶段"，在3—5岁出现。此时的孩子开始进入性别认同的过程。

▶ 青春期。这一阶段极为关键。这时，对立机制再次出现，伴随而来的还有自身人格创造机制。这一过程由三个步骤组成：处于青春期的少年将您的某些特质化为自己的特质，抛弃您身上的其他特质，然后进入介于同化和弃绝之间的第三个层面，开始创造出自己的人格，真正地建立起自信。所以，请让您的孩子以您为参照，自由地找寻自己的位置、发现自我。作为父母，在这个阶段，您必须竭力保持坚强的内心，因为忍受青春期少年的对立并非易事，尤其当这种对立变得相当激烈时。不过，我们之后也会谈到，面对有些行径，您不需忍耐。

童年在自信形成过程中的重要性将在本书的第二部分中得到详细阐释。第二部分的主要内容是造成自信缺失的所有成见。此外，若您对您自己的童年和刚才提到的各个阶段感兴趣，那么第二部分将帮助您更好地理解您的下一代。

需要警惕的自信缺失迹象

与成年人类似，儿童的自信缺失也会在三个方面表现出来：

- 第一，如何看待自己和自我形象；
- 第二，如何看待自己的行为和能力；
- 第三，如何看待他人、看待自己的社交接触。

儿童如何看待自我形象

当孩子用负面的话语谈及自己，尤其当他们认为自己不如朋友们时，应当引起注意。可能用到的话语如"我没有某人帅/漂亮……我太瘦了……我太高了……太胖了……我的鼻子太……不够……"等。这里我们看到，比较式的评价已经开始出现了。

当孩子虚构其他的家庭关系时，也必须加以注意。他们可能会说自己是大思想家的儿子，或者他们的爸爸以前踢足球得过冠军，他们整个家族历来都是贵族，又或者他们是自带超能力的外星人……这些孩子要靠天马行空的故事来显示自己的价值。如果这种现象较为短暂或只是偶发，那么您不用担心。但当他长期藏身于幻想的家庭环境中，并且否定自己真正的出身，那么情况就有些棘手了。他可能会抗拒父母平凡的出身、父亲的低学历或不体面的职业。请与他坦率地交谈，帮助他接受现实。

儿童如何看待自己的行为

无论孩子到了什么年龄，他对待失败的态度都须引起父母的注意。从幼年时起，他就可能在坐旋转车时抓不到绒球[1]，在学校里成绩不佳，交不到朋友等。面对这些挫折或困难，缺乏自信的孩子很快就会崩溃、放大事情的严重性，而成年后就会质疑自己的价值。所以，教会他如何处理失败与困难尤为重要。

儿童与他人的关系

通过孩子的社交接触，可以很直观地了解到他是否缺乏自信。若确实如此，他会离群索居，拒绝与人接触。他也可能被别人使唤掌控、表现消极、被人利用，甚至成为学校天井里众人欺侮的对象。若情况相反，孩子自信满满、只通过控制他人和暴力方式表达自己，那么您不能只看表象，也要格外小心。

---

[1] 法国游乐场的儿童旋转车项目中，一旁的管理人在某处挥舞带绒球的玩具，抓到的孩子可获得玩具。——译者注

有时，这些问题会发展到拒绝上学、彻底孤立的程度。所以，请千万注意孩子可能出现的社交恐惧症或抑郁症。

如果为人父母的您想要了解更多这方面的内容，可以参考专家有关儿童自信问题的推荐书籍。但在这之前，请先阅读下文的一些建议，它们也许会对您有所帮助。

如何帮助孩子建立自信

下列建议并非完整讯息，在此之外还可对儿童的自信机制做出大量分析。针对所有相关建议，我总结出了以下三大核心：

- 成为具有健康自信的榜样；
- 教导孩子建立无条件的自信；
- 以"家长"的态度对待孩子。

成为具有健康自信的榜样

当您自己不断进步、信心商数持续增加时，您的孩子就极有可能与您一同进步。面对一位不知会否将自信缺失传给下一代的母亲，最好的回答就是建议她自己努力增强自信。

若您深知自己有一些无法克服的问题，那么您可以告诉孩子，您会对这些问题保持一定的距离以求不受其过多的影响。由此，您的孩子就会明白，他不需要以您的全部特质都作为榜样、毫无间隙地全盘接受，而是在自我定位时吸取您的优点，同时与您的缺点保持距离。您对自己的批判式话语（正面意义的"批判"）会帮助孩子更好地定位自我。

教导孩子建立无条件的自信

- 接纳孩子的错误和失败；
- 向他表示，无论他的成绩如何，作为父母，都会爱他到底；
- 永远不要在别人面前羞辱他、贬低他的价值；
- 勿用恶言攻击他的成绩或他的行为；
- 让孩子知道您按他的本样完全地接纳他。

当然，您一定希望孩子可以通过努力得到提高、学业进步，但这只是期望而已，无论他的行为如何，您都会永远把他看作您的孩子。通过这种无条件的爱的态度，您的孩子就会习得无条件的自信，这种自信不再取决于他的行为和学业表现。这并不是要让孩子天天拍着胸脯自豪不已，而是因为如果没有无条件的自信，我们就会被生活中的失败和不测所牵制。不过，您同时也要帮助孩子建立有条件的自信，让他领会到活出自己是一件多么有成就感、多么值得自豪的事。要做到这一点，用真正的"家长态度"对待他是一大关键。

以"家长"的态度对待孩子

这句话看起来似乎毫无亮点，但近几十年来，我们早已发现，许多家长都变成了孩子们的伙伴。通常，这些家长的父母都曾十分专制，以至于使下一代变得非常幼稚。在心理学上，我们经常看到这种杠杆式现象，一个人会从一个极端走向另一个极端。另外有一点我认为很重要：父母的角色是极为多面化又难以拿捏的。但请不要泄气，因为即使作为心理专家，我自己有时也很难在与孩子的相处中遵守下面的这些"规矩"。我恳切地希望您不要在阅读本书时有受挫感，请把这些罗列出的建议视作小贴士，它们是为了帮助您，而不是为了追究您的错处。

▶ 第一，您是孩子的教练。身为教练，无论孩子是赢是输，您永远都是他的后盾。和教练一样，您要去鼓励他努力，而非鼓励他追求成功。您可以说："很好，你尝试过了。这次虽然你没有成功，但如果你坚持努力下去的话，以后一定会成功的！"您应该帮助他在困境中自己找到解决办法，而非直接授之以鱼。不过，若孩子实在找不到办法，不要让他陷在困境中，而要牵起他的手，帮助他一起渡过难关。同时，您也要让他看到现实、看到自己能力的局限性。想要获得一切是不可能的，没有人能摘到月亮。您需要教会孩子体验挫折，并让他在愿望实现不了之时，不将事情绝望化。请告诉他，某些愿望将只能是愿望，不会成为现实。

▶ 第二，您是教育者。您不需要取代学校里负责课业的老师们，但应与他们一样，教给孩子新的东西。您可以教他在受攻击的时候学会自卫，教他在不愿屈从的时候学会说"不"，教他尊重他人也尊重自己。这些教导也应经常伴有您称赞他的话语。请您教会他为自己自豪。

▶ 第三，您是基准点。这也许是家长最难拿捏的角色之一，尤其当他们的孩子处在青春叛逆期时。虽然此时的青少年在表面上甚为反叛，但他们内心需要父母成为自己的基准点，在承受冲撞时屹立不倒！这时您要坚定，但不可抵触排斥。亮清您的底线，有条不紊，特别是要言出必行，不会去做的事不要说出口，没有提前告知的事不要去做。我们了解到，许多父母的教育方式都存在问题，比如他们威胁孩子将受严厉的惩罚，之后却因为缺乏威信而从不施行；相反，一些父母会在毫无征兆的情况下猛烈地责打孩子。言行一致是极为重要的。换言之，如果条件允许，家长双方应在要求孩子做某事前一起思考，究竟要孩子做些什么。但一旦您主意已定、一言既出，就要践行自己的话。

▶ 第四，您是孩子的自由赋予者。然而，让幼鸟离巢并不是件容易的事！此时，最常见的情况便是父母难以释怀，不得不放弃原先生活的一部分，面对孩子纷纷离家的事实。但请记得，孩子永远需要他的父母，即使他们已活到40岁、50岁、60岁。您一直都会是他们的"巢"，无论他们是否已成年、独立，他们都想时不时地回到巢中。请不要忘记，成年人的自信亦是需要维护的。就算您的孩子已长大成人，他们仍然需要您。

现在，想必您已更深地理解了自信的定义、重要性，以及自信缺失的后果，那么，接下来就需要了解自信缺失的成因。为了协助您有更直观的认识，我特此列出了七幅速写，用以诠释自信缺失的几大机制。这七幅速写各自对应一个成见，即某种针对自己的思考方式，而它们通常都是在童年时期根植于心的。这些我们对自己的成见直接指向了我们的行为方式。您可以从中找出最符合您个人情况的内容。

七大主要成见如下：

- 成见一："我做不到……"
- 成见二："我需要别人喜欢我，欣赏我，认可我"
- 成见三："我一无是处"
- 成见四："我必须做得更好"
- 成见五："我永远都做不了决定"
- 成见六："我总是自寻烦恼"
- 成见七："我无法信任别人，我必须当心"

第二部分

引发自信缺失的几大成见

Les préjugés à l'origine du manque de confiance en soi

自信缺失的根源，有七大"成见"，即七个既定的看法。它们就像三棱镜，您的双眼透过它们看待着您的人生。这七个看法的出现频率各不相同，前四个成见更常见于自信缺乏者中。另外，您可能发现自己竟符合数条成见。不用担心！每一种情况都有对应的解决方法。借助本书第三部分中的推荐方法，您将可自行组合并调整您的"疗愈工具箱"。

成见一：
"我做不到……"

案例

塞莉娅的故事将帮助您了解到，我们每个人心理的显露都是一个缓慢的、渐进的过程。心理学家们对此都非常了解：就像一部电影的剧情会让我们屏住呼吸，直到剧终一样，我们的心路历程只有到了最后时刻才会拨云见日[1]。

---

[1] J. 歌陀（J. Cottraux），《生活情景的重复再现》（*La Répétition des scénarios de vie*），Odile Jacob出版社，2001年。

21岁的塞莉娅是法律系学生。在她第一次咨询之前，我收到了她寄来的书信，上面写着："我缺乏自信……我很内向、焦虑……我的思想也很焦虑……所以我想开始做心理治疗。"

当塞莉娅来到诊所时，我问道："您写的'我缺乏自信'具体是指什么？"塞莉娅回答："有些事我不敢做，比如说在陌生或不太熟悉的团体当中，我从来不敢发言。那会让我恐慌。"

医生：好的，我明白了。缺乏自信的问题在其他方面对您有没有影响？

塞莉娅：我觉得自己没有能力开始做新的事情。就好比我得打一份工，用来补贴学费。有人给我推荐了一份在餐馆打工的工作，但我拒绝了，虽然从经济上来讲我真的很需要它。

医生：那为什么要拒绝呢？

塞莉娅：我害怕在点菜的时候弄错，怕上错菜，也怕找错钱。

医生：好的。那么您关于做这份工作还有什么其他害怕的吗？

塞莉娅：有。我怕顾客或别的侍应生觉得我很糟糕。

医生：在生活的其他方面，您有没有做事做不好的情况，或者曾经有没有被别人评价得很糟糕？

塞莉娅：噢，医生，多得是！一直有！

接下来的咨询让我明白，塞莉娅几乎在生活的每个方面都

有着一样的恐惧。在大学里，她总是担心考试不过，但每次都顺利地通过了。她也害怕她的同学，总认为他们觉得她无趣透顶。就算当有男生想要接近她时，她仍是如此。

随着咨询渐渐深入，我意识到，塞莉娅的惧怕可以归纳为两大方面：

▸ 害怕在平日的行动中表现无能；
▸ 害怕被别人看成糟糕的人（当他们发现她无能以后）。

事实上，虽然塞莉娅还很年轻，这些恐惧却已经渗透到了她生活的方方面面。

自此，我们可以提出两个关键问题：

▸ 为何塞莉娅会眼睁睁地看着自己这部"无能制造机"消磨她的生活？
▸ 面对这种由怀疑、犹豫和消极主义组装而成的"辗压机"，该怎么做？

其实，这两个问题也归结成了本书的主题：我们为什么会缺乏自信？如何从中走出，遇见更好的自己？

"无能"的成见背后的机制

让我们把时钟拨回从前。塞莉娅说到她觉得自己在许多方面都很无能。这与她往日的经历是否有关？

我们要做的第一件事，就是让塞莉娅明白，她的羞怯、怀疑，以及在学校里与男生的互动障碍都与一个观念有关，而这个观念就是她内心深处对自己的评判："我没有能力。"这就是她的成见。塞莉娅的眼中和口中只有自己的失败。在咨询期间，她对成功经历只字未提。面对尚未发生的事情，她预见的只有失败，甚至就算她在现实中高效地处理着某事，她仍会继续抱以悲观的态度。值得一提的是，她的身边围绕着一群轻看她的人，一次次地让她确信自己的无能：她的男友不断地揭她的短，甚至连公共场合都不避讳；他也从不称赞她。塞莉娅的闺密则原本就是自卑的人，成天只会缠着她讲自己的问题，却总在最后说："唉，你是没法理解这种事的。"所有这些话语都让塞莉娅沉浸在反复的忧思中："我做不到，我没有能力。"

以上情形被心理学家们称为维持因素（maintaining factors）。

万事皆有源

塞莉娅谈到，幼时的她虽然乖巧懂事、不张扬，成绩也不错，但她的父母从未对她的优秀表现出任何的欣喜，反而常常要求她更加努力、做得更好。

当心理咨询进行了一段时间后，一天，在诊疗过程中，她想起了儿时发生的一幕场景。11岁的她刚刚升入初一，初中位于离她的小镇最近的城市里，一切的人、事、物，都是那样陌生。天性内向的塞莉娅在第一学期没有交任何朋友，而是用努力读书来逃避与人的接触。圣诞节时，她收到了一张可喜的成绩单。然而，父母看了之后却无动于衷地说道："还行，但你可以做得更好。"

塞莉娅深受打击，因为她已经竭尽全力了。另外，她非常孤独，一个朋友都没有。她已经把这件事告诉过母亲，可母亲还是没有提出让她请小伙伴来家里做客。她告诉自己：大概是因为我本来就是个没什么能力的女孩吧，就算再用功，成绩也还是不够优异，而且爸爸妈妈根本就不为我自豪。他们是不是更看重我的成绩，而不是我本人？

可以想见，如果当天塞莉娅的父母换一种说法，她的自信就可能会健康许多："我的孩子，你做得很好！升入初一的阶段是很不容易的。你去年交的朋友都不在这儿，你换了一个全新的环境，得和陌生的同学重新建立感情。另外，你每天早晚都要在路上花四十五分钟，一定很辛苦。你还得适应好几位老师的节奏，而去年那时你只有一个班主任，还是我们认识的同镇人。结合这么多情况，我们作为父母真的为你第一学期的成绩感到特别高兴，也为你自豪。还有，我们发现你好像有点孤单，你似乎也不太敢结交新朋友。那么，你可以请一个朋友到家里来做做客；如果她住得远的话，我们就开车去接她……"

也许这段话只能停留在想象中，但我们仍然认为，若父母使用这样的话语，塞莉娅至少会在当时的情景中对自己形成更为正面的看法。

‖ 都是父母的错？

我们是否能够就此将塞莉娅的自信缺失完全归咎于父母的态度呢？是否应当像某些医生建议的那样，与父母算清旧账，从而一次性地治愈心病？我们之后将会看到，心理治疗并没有这么简单，并且，使塞莉娅与自己的父母对立只会增加她的负罪感。我认为，更有效的方法就是让她深入地理解父母的想法。我问道："塞莉娅，在您看来，初一第一学期结束时，您的父母为什么会有这种态度？"

这时，塞莉娅意识到，她的父母的确使用了一种笨拙的表达方式，但他们绝非有意伤害她。她说："我父母的生活一直很艰辛。父亲整日辛苦劳作，母亲也是，但家里仍很拮据。父亲总说：'你得有好的生活条件才行。'其实，他和母亲一直为漂泊不定的状况忧心，所以他们希望我能比他们过得好。我父亲文化程度不高，没有上过什么学。对他来说，我必须得接受好的教育。"

与大多数父母一样，塞莉娅的父母以为自己做得很好。确实，他们对女儿的期待让人动容。所以，我特意对塞莉娅说："您的父亲对您和您的学业寄予厚望，那么，您觉得他是否认为您没有能力成功呢？"

塞莉娅哭了。她回答："我从来没有从这个角度想过。说真的，他的确为了我能过上好的生活而耗尽了心血。今天，我能顺利地读大学，都要归功于他……"

教育决定一切？

至此，我们可以隐约发现，塞莉娅的自信缺失虽然有一部分归结于教育因素，但这并不是全部。从幼儿时期起，塞莉娅就表现出特别的敏感性。据她的母亲所说，塞莉娅一直是个敏感的孩子。一天，小塞莉娅放学后回到家，这样形容她的某个朋友："她比我强多了，她和班上所有女孩的关系都很好。"

事实上，一些心理学家认为[1]，某些孩子生来就比其他人脆弱。

6岁看一生？

塞莉娅的例子说明，脆弱的天性会使孩子在幼年时便产生"无能"的成见，即"我做不到"。随后，在整个童年、青春期和成年阶段，接踵而至的事件使塞莉娅把这一成见原封不动地应用在了初一入学、害怕高考失败、与男生初步接触等时刻，也让她恐惧自己不够资格做夏令营的辅导员或饭店的收银员……

如果塞莉娅不寻求治疗，那么她的"无能"观念极有可能会伴随她的余生。这种觉得自己行事无能（即"我做不到……"）的想法是我们对自己的能力——也就是自己的行为——的一个判断。它的反复出现将很容易扩大到各个方面，最终变成远比原先的想法更彻底、更具毁灭性的成见——"我无能"，因为此时涉及的就是我们的人格，以及我们所有的能力。

这个过程也会逆向运作。在这一例中，维持因素就起到了这种作用：由于塞莉娅的身边围绕着轻看她价值的人，她便会避开障碍和新的事物。即使她获得一些成绩，她仍不会看重

---

[1] J. 卡甘（J. Kagan），《天性使然》（*La Part de l'inné*），Bayard出版社，1999年。

自己，所有的一切只会继续让她沉浸在这样的想法中："我无能。"

如此，就产生了一种恶性循环。相比诸如"6岁看到老"之类简单的因果式论调，该循环显然复杂、现实得多。不过，这一被心理学专家称为"功能分析"（functional analysis）的循环模型有着一个独一无二的巨大益处：当我们把它倒置时，就能找到出路。稍后我们将作解析。

下页图概括了塞莉娅的恶性循环。

随后，您将看到在治疗过程中对塞莉娅使用的一系列方法，从中您也可以找到属于您自己的改变方式。塞莉娅的事例是一个参照。在本书的第三部分中，所有可以用来提升自信的方法（包括使用在塞莉娅和其他人身上的）都将得到一一细述。

疗愈方法：初步提示

本书的第三部分以自信重拾计划为主题，届时将为您具体呈现大量的自信疗愈方法。

此处，请先阅读下页的几条提示，也许能够助您抑制您的"无能"成见：

第二部分 引发自信缺失的几大成见

塞莉娅的恶性循环

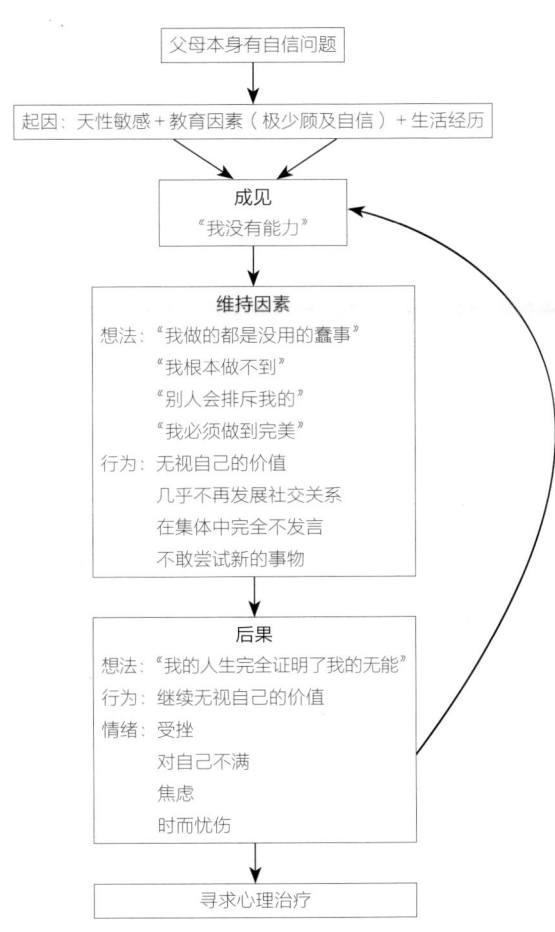

▶ 识别您内心的自我批判和负面思想，主动让它们停止。它们的存在会阻碍您的行动，让您容易失败，并会在事情还未开始之前就让您认为自己做不到。抑制这些内心批判的具体方法将在第三部分的"关键一"中详述。

▶ 行动起来，向自己证明，您比想象中更有能力，可以做到更多事情。不过，请您注意行动的方式、时机和对象。您需要的，是能够为您制订行动计划的帮助，目的是让您成功、自觉效率甚高。著名的心理学研究专家阿尔伯特·班杜拉（Albert Bandura）曾发现，正是一个人对自身高效率的感受唤醒了他的积极性，使他重拾自信。另外，这样的行动计划还会助您战胜忧惧、对失败降低惧怕、敢于行动、产生自豪感。有关这些要点的详细描述均可在第三部分的"关键二"中找到。

▶ 与他人相处时真实地展露自己。请不要再以为别人都比您能干、您比他们都无能。这是一种成见，极有可能是根本不成立的预判。请您参照第三部分的"关键三"中所传授的自我肯定步骤，您的人际交往能力将获得惊人的提升。

然而，塞莉娅的案例并不能展现自信缺失的所有方面。在后文中，您将看到其他可能会破坏自信的成见及相关案例。

成见二：
"我需要别人喜欢我，
欣赏我，
认可我"

案例

奥雷莉——自我牺牲行为

26岁的奥雷莉是一名实验室化验员。因为过度羞怯的问题，她来到了诊所。独居的她有一个已婚的情人，他有空时便会来找她，只是为了发生性关系。奥雷莉无法拒绝他，因为她觉得自己糟糕透顶，根本不可能配得上忠诚的男人。在交友方面也是一样。她的身边只有两个朋友，而她们平日里做任何事都只顾自己，不想见她的时候就把她忘得一干二净。每一次聚会的主题、时间和地点都由她们俩决定，根本轮不到奥雷莉插嘴，她只会默默地跟着。她也不敢结识新的朋友。在工作中，只要有同事需要，代班的人就永远是她；她的工资最低，因为她是唯一一个从不向老板开口要求加薪的员工，然而她的工作却特别出色。

聪慧、情感丰富、细腻——奥雷莉很明白，处处退缩的行为让她完全失去了自信："我觉得自己糟糕极了。我一点都没有价值，和透明人没有两样。我的整个人生就是为别人而活的。"事实上，奥雷莉根本就不糟糕。她患有严重的社交恐惧症，对自身有着极大的质疑，终日认为他人远比自己强。

我们将奥雷莉最主要的表现称为"自我牺牲行为"。

保罗——无条件自尊的缺失

保罗是一名高级工程师。不仅如此，他还有着法国最高的博士后文凭，经常在世界各地开设讲座。乍看之下，旁人都会认为他一定是十分自信的人，至少在专业领域应是如此。让我们一起听听他自己怎么说吧："其实，每当要开讲座的时候，我都惊恐万分。理智上，我知道自己已经达到了做这些讲座的水准，但我总是非常害怕听众提问，万一回答不了的话会显得很可笑。我需要别人的认可。要是听众当中有一个人对我讲的内容发表负面观点，我就会难受整整三天。对我来说，别人的观点比我自己的观点重要得多。此外，我一直在试着不被人反对、不让人失望。比如，在一场讲座中，如果我不同意另一个团队的研究结果，我总是会尽量把我和他们之间的不一致化到最小，奉承地说他们的研究太棒了，但实际上他们的研究根本就是错的……和朋友在一起时我也是这样。他们经常对一些根本不了解的事情作愚蠢的评价，但我害怕产生冲突，所以情愿闭嘴。我一直想要取悦他们，让他们觉得我人不错，让别人来表扬我、认可我……就好像每一天我都必须重新建立自信、重新同化别人、显得我是一个有价值的人。我的自尊每天都要重塑一次：我必须得证明自己是个不错的人……"

事实上，保罗的问题在于无条件自尊（unconditional self-esteem）的缺失。他的自尊是有条件的，是建立在他人的认同之上的。

保罗的表现被称为"寻求认可"（approval-seeking）行为，且显著体现在他的学识价值层面。

索菲——寻求外表认可

索菲的被爱需求非常强烈。她解释道："我出生在工人家庭，家境很差，父母都没有什么文化。一直以来，我都深受这种低文化、低收入的生活之苦,在与学校里的女同学们相比时会特别难过。我没能上大学。我没法和别人长时间对话,尤其在面对那些表达能力很强的人时,我就会非常羞耻,说不出话来。当一个有教养的人很自如、头头是道地讲话时,我总是惊叹不已。

"不过,我很清楚,自己长得挺漂亮的。上帝至少给了我这个优点。同时,我也觉得,我的价值就取决于我对别人的吸引力。我把很多时间都花在穿衣打扮上,常常去美发厅,只是为了吸引我喜欢的男人。每段关系刚开始时,我都会很开心,许多情绪都被激发了出来。不过,我经常在遇到对方的最初几个小时就疯狂地坠入爱河,头脑中随即出现英俊的王子来把我绑去梦幻世界的场景。您能理解吧,在这样的幻想里,我会觉得自己很特别。所以我经常做这种白日梦,有时持续几天,有时则是几周。我会不断地努力吸引对方,尽我所能地展现魅力,一直到最后和他上床,因为我希望他爱我、对我说我是他的唯一,"说到这里,索菲的脸色变了。她继续说道,"但不幸的是,现实总是很残酷,我迎来的常常只有失望。您知道的,男人好多都是这样,一旦和他们上了床,女人的吸引力和魅力就远远不如之前了。而这种男人通常都不是单身,他们只会在想上床的时候来找我。所以我意识到,自己对他们来说根本不是理想中的女人，根本就不是我想象的那个样子。我的幻想一步步破灭的时候，失落感也就越来越强烈。于是我就告诉自己，我决不能再落入情欲的试探了，不然又会失望……可是，我没法控制自己。唯一能让我觉得自己有点价值的事情，就是我对男人的吸引……医生，您都明白了吧，我既不聪明，又没文化。如果要和别人交谈，我能说些什么呢？"

被爱需求的机制

为什么有些人会如此渴求被人欣赏？后文图表中所示的机制就是基于这样的一种基本成见：我的个人价值取决于他人对我的看法。这一成见通常在童年时期形成，随后会无形中将两种生活准则强加于人。

两套生活准则

"我必须被我认为重要、有价值的人所认可。"例如，您如果嫁给了一个社会地位很高的男人，您就会觉得自己也是一个有价值的人。这种生活准则的问题在于，您使自己处于依附的状态，为了获得一些价值而让自己依附于某人。当您认为很有价值的这个人或这些人远离您时，您就极有可能失去自信。

"我决不能被拒绝或排斥，不然就会证明我真的一无是处。"您认为，如果您被拒绝或排斥，尤其是被您眼中很有价值的人拒绝的话，就说明这些人是因为您没什么价值而这么做的。在这种情况下，您也会把自己看得毫无价值，从而失去自信。

这两套生活准则会导致两种行为风格。

两种行为风格

▶ **寻求他人的认同。**当您成功地让他人觉得您有价值时，您才会认为自己是有价值的。您的行为大多是为了吸引他人、取悦他人。您可能会去尽力了解别人的观点，从而顺着他们的思路思索行事。正如伍迪·艾伦（Woody Allen）的电影《西力传》（*Zelig*）中有着变色龙特质的主角一样：每当他遇到不同的人时，他就会随着对方的特征而发生转变，甚至会根据所面对的人而发生生理上的变异。

▶ 产生自我牺牲行为,按照他人的想法行动。您不惜一切代价地取悦别人,看他们想看的电影、尝他们想尝的餐馆、去他们选的度假地。您优先考虑的是不要与别人产生冲突、不要让他们不高兴,以免让您自己被拒绝、排斥。您这样想道:"只要我同意他们的意见,他们就不会拒绝我,一定会接受我。"这样的想法让您倍感安心。然而,很遗憾,这种欠缺个性的行为根本无法提升您的自信。

这些行为风格又会带来两种思考(或认知)方式。

两种思考方式

▶ 第一种思想:"如果我顺从别人的想法,他就会更加接受我。"您认为,为了显得自己很合群,或为了继续留在某个群体里,您绝不能表达不一样的、具有个性的观点。您必须要从众。您非常害怕进入冲突,尤其恐惧自己变成群体中唯一的观点不同者时的情形。这种思想并非不切实际:许多协会或公司为了让团队兴奋起来,就会故意统一每一位成员的想法,让他们认为"我们是最棒的……我们知道该做什么……"

▶ 第二种思想:"如果我对别人好,他就不会拒绝、排斥我。"您觉得，应该花时间去满足周围人们的愿望，这样他们就会更好地接受您。这种思想的问题是，它会把您引向之前我们提到的自我牺牲行为，甚至会落入被他人奴役的地步。渐渐地，他人的意愿会左右您，您的行动也会由他们决定，一切都是为了取悦他们。同时，您的身边还会聚集一批习惯于剥削、利用您的人，他们几乎不会把您的需要和愿望放在眼里。由于您从来不表达自己的需要和愿望，您会逐渐失去自信，并视自己为毫无个性之人。而您生活中经历的种种事件还会进一步确认您的成见。

经历强化成见

在许多情形下，您的低调、不反对、顺从听话会得到人们的赞许。总的来说，您就是一个友好、不麻烦的人，而您也一定在交友、婚恋和职业方面见过不少选择这类行为方式的人。这些与您相似的人通常有着很高的被接受度，因为"他们不会制造麻烦"。如此一来，良好的社会接纳就会让您在成见中越发确信，通过您的自我牺牲行为，您被他人接纳了，他人便会对您产生正面有利的评价，您就因此是一个有价值的人："我的价值甚高，因为别人想到我就会念及我的优点，或者说他们不会念及我的缺点。"

然而，必然会出现这样的问题：在某些情形下，您的需求不会得到他人的同等对待。例如，在一对爱侣中，长期受支配的一方即使决意显露自我，强势的一方却仍希望主宰两人的互动。在职场生活中亦是如此：当您要提出一项违背上司想法的需求时，您得费尽心思、历经万难。交友方面也并无二致：朋友们一有什么事就向您开口，根本不顾您的个人安排。于是，您尴尬不已，不敢说"不"。比如，邻居的吵闹影响到您的睡眠，您却不敢让他小声点，因为您的内心长久以来一直以顺从他人意愿为需要，这一需要使您难以在生活中释放、肯定自我。此外，您也不知如何面对冲突。您向来都倾向于绕开、逃避冲突，心中想道："还是不要产生冲突为好，不然我就会被拒绝、排斥，落得孤苦凄惨。"您觉得，要是发生了冲突，您便处于孤单的形势，价值全无。由此，您就失去了自信。

显然，您已经陷入了一个恶性循环：在成见的基础上，发展出两套生活准则，随之带来两种行为风格和两种思考方式，继而进一步固化基本成见。而一些事件的发生还会反复激发这个成见。在后文的解决方法中，您将看到，当您走出这个恶性循环时，您就能重拾自信。

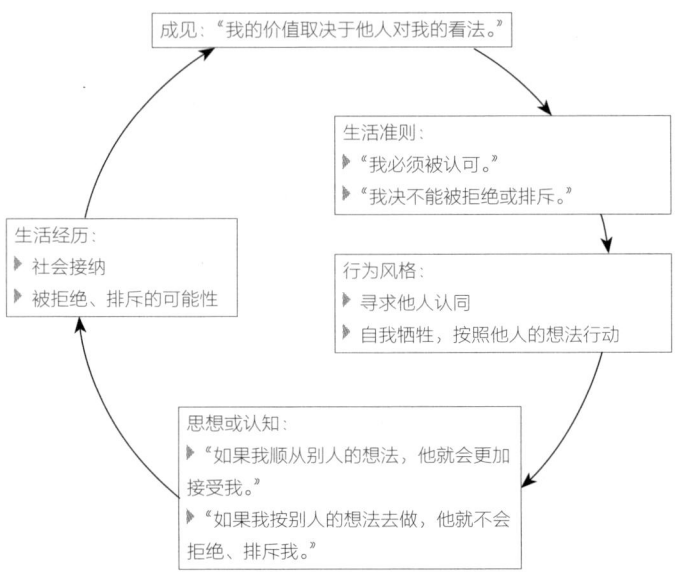

认同需要之恶性循环

两种自信：
详解

如何解析上文中的现象？

我们的自信分为两种：

无条件的自信

这就是我们内在固有的、作为基础的自信，不为我们的行为、与人的关系所左右。我们每个人都对自己的价值有一定的评估，这个价值与他人的价值相比既不高也不低，是专属于我们的，不容指摘的，也是不受外部事件影响的。每天清晨，当我们醒来，还未开始一天的劳作时，这个价值会让我们认识到自己是一个完整的人，一个有优点和缺点，有强处也有弱势的人，一个独一无二的个体。

因为这样的自信，我们得以明白自己有什么可以改进之处，并在这些方面接受负面的事实。无条件自信是我们的自信基础。它的形成时期非常早，通常是在我们幼年时通过外界情感供应而渐渐成形的。正是无条件的自信使我们在个人形象层面有安全感。

有条件的自信

我们会根据成功经历、人际关系来调整自信。我们常认为，为了成为优秀的人，我们必须（在职业、婚姻、交友或其他方面）获得成功，必须受人欣赏。这样一来，我们就进入了一个依赖于行为和他人看法的体系里：为了保持我们的"优秀"，我们每天都要像前文中的保罗那样"做出"好人的样子来。然而，问题在于，我们很可能因此再也忍受不了自己犯下丝毫错误。我们也常像索菲和奥雷莉那样，总是竭力让自己被他人欣赏，因为如果我们在别人的心目中形象上佳，我们才有价值。这是一种真正的依赖性：就如人们对烟草、酒精和毒品的依赖一样，我们也离不开他人的认可。

在两种自信之间寻找平衡

无论何种形式的依赖，最应当注意的是控制尺度。事实上，我们需要在两种形式的自信（无条件和有条件）之间找到平衡。少量有条件的自信是有益的：它会使您对他人采取开放的态度、注意他们对您的反馈，同时优化您的行为处事。但若您像之前案例中的主人公那样有着过度的有条件自信，那么您就很可能缺少无条件自信。当意外接踵而至、失败将临，或遭遇拒绝甚至非难时，您必须依靠无条件自信才能平稳地处于安全感中，而这些不如意事正是我们的人生常态。

有条件和无条件的自信——如果您在这两种形式的自信之间找到平衡，那么您的心理机能定将更为健康。

可以说，先前案例中的人物均因无条件自信的缺失（通常由于童年时期获得的无条件自信过少）而开始追寻有条件的自信。对有条件自信的寻求成了他们行为的主导，继而把他们引入一个恶性循环，不断追寻他人的认同。然而，这样的行为无法使人增加无条件自信，同时，若不加以注意，这种有弊无利的情况将会持续一生。所以，若您也深受本章所述的"成见"之扰，您就需要提升无条件自信。

那么，怎样才能做到呢？

疗愈方法：初步提示

本书的第三部分将为您具体解析诸多疗愈方法，但在此我先向您介绍几条主线。

若您也有类似的成见，"我需要别人喜欢我、欣赏我、认可我……"请您：

▸ 肯定自己。请使用本书第241页中列出的自我肯定技巧：即便与他人想法相悖，您也要学习表达您的观点和意愿；当您内心对某件事并不情愿时，请向他人明确提出您的底线。

▸ 减弱您的被认同需求。请思考：什么是人的价值？如何界定？您是否比他人轻贱？请使用第144页和第179页所述"关键一"和"关键二"中的方法。请列出您的优点，尝试调研等方法。同时，也请降低对他人看法的重视，思考：认为自己能被所有人认同，是一种合理的想法吗？别人对您的看法都是一样的吗？世界不正是因为各式各样的观点而丰富多彩吗？所以，请接受"自己与他人不同"这一事实，接受自己的独特性，并请明白，即便您慢慢让更多人看到了您的不同，那也并不一定意味着您是被拒绝、排斥的。

▶ 学习无条件地自爱。有了对自己无条件的爱，您就可以避免不停地质疑自己。您可以使用第179页"关键二"中的方法，真正地认识到自己的优势。

成见三：
"我一无是处"

案例

朱斯蒂娜——交际障碍

朱斯蒂娜今年30多岁，有着突出的"无用"成见。她用会话的形式描述了一段经历，其中提到了两个人——好友克莱尔和偶遇的男生菲利普。她还特别复述了自己的"内在声音"，也就是这段故事发生时她的心理活动。

朱斯蒂娜对自身疑虑甚多，也从来不敢接近任何让她有好感的男生。上周六，她和闺密克莱尔去了一间迪厅，旁边站着一个名叫菲利普的男生，令她心动不已。她这样形容当时的情景：

（内在声音：不管怎么说，我这个人都那么糟糕了，我是绝对不敢主动跟他说话的。我跳舞的样子好蠢……而且我和他根本就是两个世界的人，他和他的朋友在一起多么自在啊！可我在集体中从来都不自在。）

朱斯蒂娜：……

他注意到了我们的眼神。他的朋友们纷纷会意，微笑起来，而他也变得更手舞足蹈了。

（内在声音：我这个没用的女人，你都不敢接近男生，活该一直单身。克莱尔她肯定不会像我这么纠结，我敢说她一定会过去和他搭讪。）

朱斯蒂娜：……

（内在声音：瞧，她果然过去说话了吧，而我就像个白痴一样留在原地。反正她本来就比我风趣，我这个人一点儿意思也没有。我没什么话好说的，和我在一起他会无聊的。）

这段会话直白地呈现了朱斯蒂娜的内心挣扎：在接近这个男生的愿望和阻碍她行动的内在自责之间，她被不断地拉扯着。随着心理治疗的深入，她渐渐开始客观地接受自己真实的样子，并转变了思想，"毕竟是男生自己来决定要不要和我在一起"，从而不再负面地指责自己。

这个案例让我们看到，我们的"无用成见"会严重侵扰我们与他人的关系，也会阻碍您与中意的人发展关系。

塞巴斯蒂安——无用感突发

在接受心理治疗之前，塞巴斯蒂安曾经历过多次严重的抑郁症爆发，其中他甚至有数次被送进了医院。他必须长期服用抗抑郁药物，因病几度休假，且经常谈及自杀。

塞巴斯蒂安除了需要药物治疗以外，我们还为他着手进行心理治疗，以对付与他"我是个废物"的成见相关的、内心最深层的问题。几场咨询过后，随着信任的建立，塞巴斯蒂安同意接受我们的提议，将每一次无用感侵袭他、让他自觉一无是处的时刻记录下来。我们给他使用的是一张分为三栏的表格（如下表所示），左侧第一栏为触发情绪的事件，中间栏为事件发生当下的情绪及其激烈程度（等级从0到10），右侧一栏为"自发思想"，即事发时的内心陈述。

事件情景	情绪及其激烈程度，等级从 0 到 10	自发思想
我得填一张找工作的表格	我为自己感到耻辱 悲伤 8/10	我真是个废物 没人聘我，所以我很无能 我这次没有好好地找工作 我永远都做不到的，就这么算了吧
我朋友贝尔纳当着别人的面用指责的口气说我从来不听别人讲话，只知道成天谈论自己	羞耻 气馁 7/10	他说得没错，我不停地讲话 我这个废物，我是个自私的家伙、自恋狂
我坐到桌前。妻子说："你怎么老是穿成这样！"要知道，我还没坐好呢	气馁 愤怒 6/10	我不能理解，虽然我什么都不说，但我还是很不舒服 这事儿永远都没完 她永远不会接纳我的 总之我对所有人来说都是个累赘

我们清楚地看到，无用感如何侵蚀着塞巴斯蒂安生活的方方面面：工作、交友、夫妻关系……无一幸免。无论经历任何事，塞巴斯蒂安总是会联想自己的无用、一无是处。

无用成见的机制

为什么有些人会觉得自己一无是处？从根本上来说，这是一个形成于早期的成见，在童年时就已开始显露。这也是一种不容争辩的自我断定，无论任何人、任何事都无法动摇您，使您走出无用感。对您来说，它是固有的瑕疵和缺陷，是无法改变的。

成见？生活规则？

一个意念发展到极端时，便会成为一个坚不可摧的信念，让您确信自己不仅现在一无是处，将来仍然一无是处。可见，这时的信念是极为强大的，具有惊人的毁灭性，难以改变，且会渗入您所有的思想和行动。这样的信念就是我们所称的成见。它是我们对于价值的判定，是毋庸置疑的裁断："我一无是处，就是这样！"

不过，我们还是会以这样的方式制造一些生活规则："如果我这么做……这么做……那么我也许就不是没用的人了。"这些规则较成见本身而言负面影响要减弱许多，因为您似乎为自己的无用增加了一个条件。由此，上面这句话就可以这样来理解："如果……我就可能不是一无是处了。"或"如果我这么做……我就不是一无是处。"此处比原先多了不小的可能性。然而，这一思路的问题在于，如第87页的图表所示，您对自己的判断是被一些思想机制所牵制的，而这些思想机制以带有偏向性的方式对所有信息进行了过滤。事实就是，您原本就形成了您"一无是处"的信念，但在之后的过程中，您都以某种方式诠释周遭与您有关的所有事件，结果便导致您的信念被一再地加以确认。

三种思想机制

您的思想主要受到三种机制的左右（在此之外还有其他重要性稍弱的机制），它们就像滤镜一样，决定着您看待现实的眼光。

▶ **将负面事件最大化**：夸大您的一切负面遭遇。一旦做了错事，您就看自己所做的一切都是错的，把一切都悲剧化；您有缺点，就将它扩大到无比严重；当别人对您有所指摘，您就过度重视此事，并久久不能释怀、难以平静。

▶ **将正面事件最小化**：与上面所述的正相反，您把自己所有的善行和成绩都弱化到极限。您会否认自己的优点，说道："噢不，我才不是那么宽宏大量的人呢，也没那么热情友善……"您完全听不见他人对您的赞美，也听不进积极的讯息。

▶ **普遍化**：当您犯了错，或显露出了某个缺点，抑或是被人批评，您会倾向于把事情普遍化，表达时常用"一直"

或"从来不"之类的词。例如:"我以后肯定要一直这么没用了""我从来都做不成什么事""不管怎样事实一直就是如此""我根本没能力"……普遍化的做法会被应用到各个与个人能力相关的领域。只要在工作中做错了一点小事,您就会把自己全面地视作无能。这一做法也会在时间上体现出来:例如,您某天得罪了一个朋友,但您就此认为自己在交友上向来都失败、无能,并且不仅过去和现在如此,将来仍会是一败涂地。

当这三种机制同时发生时,您就会产生完全扭曲的自我看法,无论起因是心理还是生理上的某个弱点,您会对自己持有全盘负面的看法。

负面情绪

这样的自我看法会引起诸多负面情绪,比如,您为自己感到羞耻,行动前便自我怀疑、焦虑不安等。这样一来,您在生活中会很难面对某些处境。

失败的行为

正是由于负面思想和负面情绪的作用,您的表现也会变得不佳。一些事情发生了,您却缺乏准备,甚至选择逃避、不去直

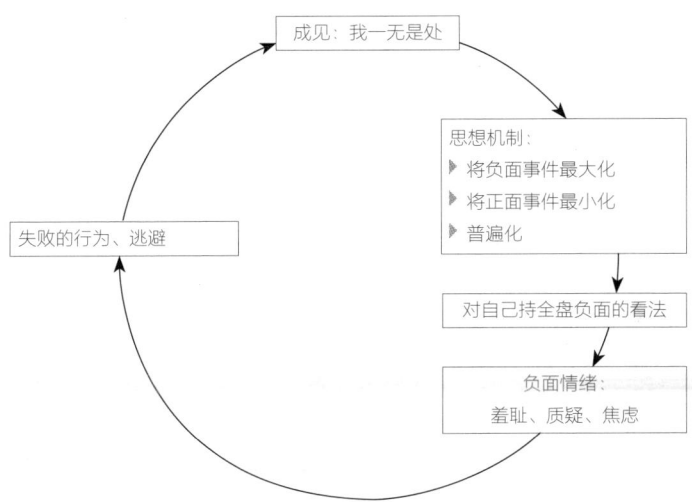

面。这些失败的行为毫无疑问使恶性循环的每个部分环环相扣，不断让您确信，自己起初的成见——"我一无是处"——是事实。

无用成见的根源

事实上，该成见有着很深的缘由，通常与早期教育有关。比如，充满指责声和惩罚过度的家庭都是这一成见的常见源头。有些父母让孩子觉得他／她永远都在让他们失望。某些孩子幼时曾遭遇性虐待，或曾被拒绝、抛弃。还有一些孩子曾被家人视为全家族的扫把星，被认为该为所有不好的事情负责。

不过，我们先前已经说过，若某个成见在成年时期仍持续不变，那么它在幼年时的形成断不足以解释现状，必然有诸多成年后的因素在不断地反复确认着它的重要性。

无用成见是如何持久不变的？

您的内心存有许多助其持久的因素，它们就是前文我们曾提到的思想机制。这些机制一直在为您过滤每天的"无用"经历，因而一而再，再而三地确认着您的无用。

除此之外，还有一些外界的环境因素。实际上，您会倾向于选择那些让您继续陷于无用感中的配偶和朋友。这若不是由于您认为他们值得仰慕，就是因为这些人恰恰是需要通过辖制他人来获取自身价值的人，他们会让您自感价值全无。请注意，即使是在看起来甚为友善的人面前，您若常对自己使用极为负面的评价，他们也会因此而认为您真的一无是处！

在职业领域，您会倾向于选择低于您个人能力的职位、否认自己突出的工作成绩、从不在人前显露才能……这一切都进一步滋养了您内心的无用感。

在特殊情况下，某些病症也会让人被该成见所困，尤其是抑郁症，乃至重度抑郁症（请看第86页塞巴斯蒂安的案例）。抑郁症带来的后果包括身体和心理能力的丧失，进而加深个体对自身的质疑和羞耻感。这样的抑郁会体现在职业方面，使人再也无法工作，甚至长期停工，并在人际关系上让人处于孤立的状态。一旦患有抑郁症，个体的负面情绪机制会被无限强调。这种情形非常危险，应当尽快向心理医生咨询。

疗愈方法：初步提示

本书的第三部分将为您具体解析诸多疗愈方式，此处我将向您简要地介绍一些方法：

▶ 摒弃您对自己的行动、处事、优缺点等全盘负面的看法。请留意您内在的自责声音。勇敢地走出非黑即白、不是无能就是完美的二分法思维。为了做到这些，您可以使用塞巴斯蒂安曾用过的三栏记述法，也可以在第三部分的"关键一"中找到其他有效的方法。

▶ 与您内心的自责声抗争。这一点非常重要，因为这些声音会对您进行慢性的摧毁，同时攻击您的自尊。您将在第三部分的"关键一"中学习如何把内在声音带来的损伤降到最低。

▶ 以宽容仁慈的内在声音作为抗衡内在自责声音的力量，请见本书第三部分的"关键一"。

▶ 请您明白,内在的指责声只是您对自己的论断,并且只是一些话语而已。在现实中,没有任何一件事能说明您是一无是处的。您的成见有着突出的、霸权式的角色,您可以从"关键一"中获得很大的帮助,用推荐的方法削弱它的重要性。

▶ 从您的失败行为中走出来。事实上,上述这些方法属于意识层面,虽十分重要,但并不足以解决问题。在现实中,您必须尽量用不同于以往的行动来亲历积极正面的生活、产生对自己的正面认识,并体会他人越发频繁的积极反馈。这些内容都将在第三部分的"关键三"中详述。

"我一无是处"是所有成见中根源最深的。接下来,我们将继续解析另一个常见的成见,表现为过度的完美主义。

成见四:
"我必须做得更好"

自信缺失可能会以多种不同的面目呈现,其中包括极端完美主义。它表现为压力过度和焦虑；而一旦达不到完美，个体就会对他人产生恐惧，甚至会引发暴食症。

案例

25岁的埃洛迪是一名药剂师。自从一年多前与恋人分手以后，她就患上了暴食症，她正是为此前来咨询。数次咨询后我了解到，在那次分手前的很长一段时间，她就已经出现了针对体重的严重强迫症，时刻严格控制饮食。现在，她每次在暴食之后都会用呕吐来避免肥胖。

当我问埃洛迪，体重为何对她如此重要，她回答称自己"又丑又胖"，尤其是"胯部太宽"。她说自己从来都觉得"老是哪儿不舒服"，体重也总在44至75公斤之间肆意波动。见到埃洛迪的这一天，身高1.61米的她体重51公斤，完全在合理范围之内，而她其他的身体指标也都正常。可以说，她在其他人眼中的外表和她对自己的认识是大相径庭的。

埃洛迪开始谈起了分手的事。据她所说，这次分手后，她经历了有史以来最大幅度的增重，体重曾达到75公斤："我成了一头又肥又壮的奶牛！"这次增重给她带来了很深的创伤。

从刚刚说到的讯息中，我们已经可以得出埃洛迪的心理机制和心理障碍（如下图所示）。

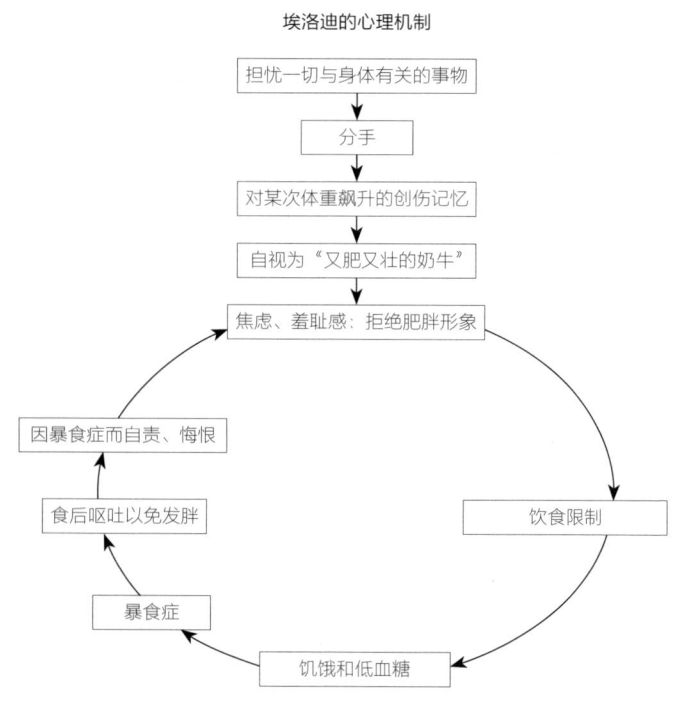

埃洛迪的心理机制

这一恶性循环是埃洛迪自己梳理得出的，借此，她明白了饮食上的紊乱与心理障碍之间的关系。此处需要注意的是，暴食症是由强制性的饮食控制引起的。饮食控制直接导致低血糖，其主要反应便是饥饿感。通常，节食不当会带来低血糖，随后是饥饿感，最终产生的就是暴食症……埃洛迪开始意识到，她一直无法接受自己的身体。事实上，从图表中我们看到，正是生活中的突发遭遇（此例中为分手）触发了两大现象，一方面是饮食控制，另一方面就是以对身体焦虑与羞耻为主的心理问题。

然而，还有一个事实是，远在分手之前，对体型的过度关注就已经出现了。因此，我的问题变为：为何埃洛迪（外表匀称正常）如此坚决地抵触增重这件事？增重只是多了几公斤体重而已，对她而言是否有额外的意义？

埃洛迪的核心问题是否并不在于体重？

"埃洛迪，肥胖对您来说意味着什么？"

埃洛迪的回答如下：

"如果我变胖的话——

1. 我会觉得身体里到处都不舒服；

2. 这就证明我对自己体重的控制失败了；

3. 我会没有自信；

4. 我与他人接触会很困难（埃洛迪认为自己有了完美的身材时才会被他人接纳）；

5. 我会自卑，自觉没什么价值；
6. 身体上有了缺点，我就不完美了；"

埃洛迪继续说道："如果我一直保持在44公斤，那么一切都会顺利如意，其他的问题也都不会是问题了。"

埃洛迪的回答着实不容轻视。让我们来看看她的六个回答。她究竟在说什么呢？是在说饮食混乱、体重、体型、健康吗？不然。细细分析，我们就会发现，她实则在说控制（回答2）、舒适度（回答1）、自信（回答3）、人际关系障碍（回答4）、个人价值的贬低（回答5），以及完美主义（回答6）。

这些想法与问题不仅仅出现在暴食症患者中。自信、舒适度、完美主义等议题远远超出了单纯的饮食和体重层面。此时，埃洛迪也开始明白："的确，我一直以来都是完美主义者，挑剔至极，从来都想得到完美的身材。不过我对凡事都非常苛刻！我认为自己也必须很聪明，交流时必须才思敏捷，能言巧辩，在朋友间必须保持风趣幽默，在社会上必须要有体面风光的职业，还必须有神仙眷侣般的情感生活……"这张"清单"可以无休止地列下去。埃洛迪什么都想得到，正可谓"多多益善"。

"要么完美，要么就闭嘴！"在我的诊所，成天都会听到这样的句子："我必须得成为完美的女人、完美的母亲、完美的配偶、完美的恋人、完美的员工、完美的家庭主妇、为全家做好完美的度假安排、用完美的方式采购一家所用并完美地把东西搬回家……"因听得过多，有时我会半开玩笑地回答："噢我的天，您让我压力好大。我都不及您那么完美，那我怎么才能用心理治疗让您变得更完美呢？我觉得我做不到噢！"大部分患者听了之后都会心一笑，就此尝试渐渐淡化自己对完美主义的过度追求。他们实际上也意识到，这样的追求丝毫不会给他们增添自信。

完美主义：吞噬健康生活的侵略者

埃洛迪逐渐明白，她的完美主义正侵蚀着她，也使她对自身包容尽失。她意识到，完美主义不仅影响着自己的身体，也损害着她的全部生活。而她的分手经历之所以引发了暴食症，正是因为她早前就已经暗自定下了无数完美的目标。可以说，分手一事只是触发了这一切而已。

由于存在对神仙眷侣的不现实期待，埃洛迪在分手后对此事仍旧耿耿于怀。她如此思忖道："这种事绝不能再发生了，绝对不能再有人把我抛弃，所以我必须变得更完美，只要完美到极致，男生就会一直和我在一起。"分手让埃洛迪加深了原有的成见，使她愈发追求完美，"如果我不够完美，别人就会离开我，这样就代表我没有吸引力。"因此，把埃洛迪推向完美主义的，正是她的自尊缺失。

随着咨询的渐渐深入，我们也了解到，埃洛迪的过度完美主义自童年起就已开始显露。她的父亲对她非常严厉，不能容忍一丝一毫的瑕疵和任何细小的失败。他曾这样说："我们的失败必须由我们自己负责，并且只有我们自己能负责。"埃洛迪对父亲的观点不但全盘接受，甚至加以解释和维护："医生您瞧，我爸爸说得对，前男友离开我就是因为他觉得我太胖了。我不应该那么放纵自己不顾体型的，都是我的错。"

完美主义：吸铁石？还是起钉器？

我可以悄悄地告诉您——现在我还不能对她直说——埃洛迪并不明白，现实与她所想的恰好相反。以后她一定会发现，她的过度苛刻与完美主义只会让男生避之不及。在面对一个追求完美的女性时，男人会不知所措，怕自己无法让她满意。所以，很有可能正是埃洛迪的完美主义吓跑了她的前男友，而并不是像她以为的那样，归咎于她的不完美。她太过完美了！

总而言之，埃洛迪的例子表明，过度的完美主义，尤其当我们已变得过于刻板、毫不妥协时，我们就会失去自信。不过,这样的分析并未否定所有形式的完美主义。

此处也须注意,完美主义并不是一个关于自身人格的问题。它的核心在于,严苛的完美主义会被应用到我们所有的行为上。那么,我们可以从哪些行为表现上观察自己是否存在过度完美主义的问题呢?我们如何才能判断自己的过度完美主义会否让我们失去自信?

过度完美主义的机制

完美主义行为:
"太过了,太过了"

▶ 过度活跃:您永远在跑。您的时间表永远是满的,手头有各式各样忙不完的事。朱莉今年19岁,在高校读大二。在我们的城市里,有一间高水准的体育俱乐部,朱莉在那里接受体操训练。一旦没有得到第一,她就会非常难以接受。在体操之外,她每周参加两小时的滑冰训练、两小时游泳训练,同时还负责一个人道主义组织。不仅如此,她在家肩负着照顾弟弟妹妹们的责任,为母亲分忧,也常常在房间里进行大扫除。

▸ 时间的压力：您的时间总是不够用。"我老是迟到，总有事情要做。"您一直在与时间赛跑。由于事务缠身，您的时间从来都不够用。总的来说，您无法支配时间，是时间支配着您。

▸ 拖延症：总是拖到最后一刻。在某些极端情形下，由于手头的事务实在太多，您难以解决，（一天只有二十四个小时，不是吗？）所以，您就选择拖延，明日复明日。最终，您会看到非常奇怪的局面：面对那么多想要去做的事情，您却什么都做不了。

▸ "快乐？那是什么，我不知道！"您的生活几乎与快乐绝缘。的确，您有许多事要做，而且您已经从最麻烦的事开始着手。然而，您的娱乐与放松时间所剩无几了。过度完美主义最主要的问题之一就是快乐的严重缺失。完美主义者都是斯达汉诺夫工作者[1]，对于出色成绩的追求就是他们生活的全部。

▸ 在情绪与人际关系上缺乏耐性。对您而言，什么都不做，用两小时去"赏雪"是不可能的事。如果一定要这么做，您的心中就会充满焦虑和空虚。您就好像焦急的女主人，当客人们还在吃头道沙拉的时候，您就迫不及待地开始收拾桌子了。

▸ 永不停息地提前计划。您的生活不在当下，而在将来。

---

1 Stakhanovistes，即特别勤奋且多产者。——译者注

您一刻不停地预计着未来可能发生的问题、不断地思考着对策。

▶ **无法托付事务于他人。**您认为自己是做好一件事的唯一人选，"我宁愿亲自去做，至少这样我就知道事情会得以好好完成"。所以，您从来不向他人托付任何事——无论是与您的能力和位置相对应的事务，还是本可交予下属的次要事项，您都一一包揽，亲力亲为。

▶ **缺乏休息。**假期、周末、懒觉……这些都似乎不在您的字典上。

▶ **只赚不花。**您的完美主义有一个重大的优势，那就是您的高效率会使您在许多事上都获得成就。不过，当您完成了一项任务或赢得了一场谈判时，您却不知如何享用成功的果实，也不会庆祝一番，而是即刻投入下一个战斗中。挑战永远在继续。您需要通过不断地完成新的目标来提升自己，从来不花时间享受生活。

完美主义者的常见情绪

情绪、感知、经历——这些词语对您来说早已变得陌生。您不怎么关心它们，几乎不会把它们与您联系在一起，您最关心的只有结果。情绪、感觉似乎都和您不沾边。

▶ **不满足感**——这是最主要的情绪问题。事实上，问题产生的原因在于您把做事的标准定义得极高，若满分为20分的话，您直接把标准定在了20分上。您追求完美的成功。然而，现实中的人生即是由成功、失败，或部分的成功、部分的失败组成的，为此您鲜少能获得真正的满足。能给您满足的只有20分满分，17分的结局就会让您的愉悦程度大打折扣。这就带来了一个自相矛盾的现状：您竭尽全力追求成功，但在付出行动时，无论您多么努力，您都无法为自己所做的感到满足。

对自己感到不满足：最终您仍旧不怎么欣赏自己。

对他人感到不满足：他们所做的从来都达不到您的标准。您的下属不够仔细，在您看来他们都没什么追求，工作完成得一般就挺高兴了。

▶ **鲜少快乐，常有争强好胜心理（不包括成就带来的喜悦）**。您几乎不知快乐为何物。例如，您喜欢拉小提琴，但只要一碰小提琴，您就想成为顶尖的小提琴家。您喜欢打网球，但一摸网球拍，您就忘了享受打球的欢愉，脑海里只有一个念头：不能输。

▶ **空虚感是难以忍受的，必须不惜一切代价地填补它**。若没有工作任务，您就会焦虑万分，努力填补空虚。

完美主义者的思想

您的人生走向全都来自一条座右铭："多多益善……"您必须在所有事情上都取得成功，这样才能让原本要求甚高的父母满意，或者才能跳出不怎么光彩的社会阶层。

▶"我的价值取决于我的工作能力。"这种情况下，您的自尊会随着工作成果而变动。我们称此为职业型自尊："我的价值，就是我在工作中的表现。如果我的工作质量够高，那么我就是一个优秀的人。"然而，在此，您将行为的价值与人本身的价值混为一谈，以为人的价值被局限到了人在职业领域的行为所具有的价值。如今对您而言，最重要就是学习将自己视为有价值的人，即便遭遇失败，您的价值仍然不变。

▶"别人怎么看我是最重要的。"以他人看法为自尊是常见的第二层思想。事实上，若您的个人价值取决于行为——行为是会被他人评判的——您就需要依赖别人的评判来认识您的价值。"如果别人认为我工作做得好，那么我才会觉得自己还算有点价值。"这个思想在我们有必要了解他人想法时确实有效，但若一个人受过度完美主义之扰，那么这一思想就会格外刻板，甚至夸张到此人无法接受任何人对任何一个小细节的异议。打个比方，就如同一支十二人的团队中只要有一个人提出反对意见，就足以使所有人不安。所以，您的心理始终靠无休止的评估支撑着——一方面，您评估着您的行动；另一方面，还评估着他人对您行动的看法。

在心理学上，这一现象被称为双重作用。但除此之外，还有一层思想，且它可能比前两者更为根深蒂固：

"如果我行为不够完美，别人就会弃绝我。"这个想法就是在说："我必须要配得上别人的爱。我在一群人中的地位不是一成不变的。每天我都要努力，尽一切力量配得上我的地位，因为我本来的价值并没有高到足以让他们接受我。所以我才必须要越出色越好，以免别人离开我、拒绝我。"

完美主义者与他人的关系

▶ **与爱人的关系**：您会选择同为完美主义的人作为伴侣，您的信念就会在他／她的支持下愈发牢固。随后，你们这对"完美爱人"变得甚是挑剔，选择交往的朋友也尽是挑剔的情侣或夫妇。这样一来，你们身处的圈子便聚集了符合某些同等标准的人。您的身边并没有价值观不同的人，您也自然无法接收到引导，重新反思您的价值观。

▶ **与子女的关系**：完美主义无孔不入。您希望孩子的言行无可指摘，学习上在班里永远得第一。然而他们很可能因为您给他们过大的压力而产生心理障碍。他们会这样想："我永远都达不到爸爸或妈妈期望的高度。"他们会很难形成健康的自信。

▶ **与父母的关系**：正如我们常见到的情况那样，您与父母的关系本来就充满了完美主义的烙印。您曾亲身体验过害怕达不到父母期望值的经历。那时，他们为您（或您认为是他们为您）设定的目标简直是遥不可及，最终让您失去了自信。这就像埃洛迪在提到父亲时说的那样："是啊，可他（指爸爸）非常聪明，我永远都没法像他一样。我就是一无是处。"这个特质会代代相传，除非您现在意识到了自己的过度完美主义，并寻求一对一深入心理咨询的帮助，您才会改变自己。

▶ **您的社会交际关系**：您的交际并不是很丰富，因为您没有时间，在工作上投入得太多。有时，您认为这种交际一点都没有意义，即使是在爱人叫上您一块儿参加的聚会上，您都想提早结束离开，一边对爱人说："总之待在这里就是浪费时间，没什么话题可聊。"也正因此，只要是聚餐，您都会迟到。

即便您有了一些社交活动，您还是一直在以完美主义的方式面对。比如，您要和朋友们开帆船出去度几天假，您就会在那之前去帆船学校Glénans[1]报名参加培训班，甚至可能在很早以前就报了。又如，要是您不先在全省最好的网球学校上完速成训练班，您是绝对不会去打网球的。您从不允许自己为了放松而运动，不允许自己不出色。

如果您想跑跑步、锻炼身体，那么您可能就会像大多数前来就诊的人们那样，每一次跑步都是为了打破金头公园[2]的长跑纪录。

完美主义的根源

完美主义者的自信依赖于个人的表现与成就。

‖ 幼年期反应形成与家庭因素的强化作用

这是一种有条件的自信：您的自信心依据您的成就而定。您的价值取决于您亲手做出的成绩。为了感到自己受到尊重，您必须让人看到最高的质量。这种心理反应是在童年时期形成的。

---

[1] Glénans是法国西部布列塔尼地区的著名帆船学校。——译者注
[2] 金头公园（parc de la Tête d'or）为里昂跑步胜地。——译者注

▶ **您的父母都是完美主义者**

这是最常见的情况。由于他们的上一代人的关系，您的父母也以凡事必须成功为目标。在他们那个年代，这样的观念是迫不得已的。回顾过去，当社会保险、带薪休假都不存在的时候，生活的主要目的就是为了吃得饱、穿得暖。一旦丢了工作，整个家庭都将陷入窘迫。您的祖父母一定是那个时代的见证人。于是，他们在您父母尚且年幼时便将这样的观念灌输给了他们，而您的父母在完全接受这个观念后便把它传给了您。这样一来，一旦您遭遇失利，父母就会焦心不已，因为他们深深恐惧贫困的再度到来。这就是他们如此看重孩子成绩册的原因，并且会在您获得成功或取得好成绩时给予奖励。面对您的弱点，他们会采取两种态度：立即严厉压制，或一言不发。您的家规就是：做得好是正常的，成功是应该的，不过我们不能自夸；同时，失败是完全不能被接受的。

▶ **无师自通**

这是第二种可能的成因，较第一种少见。在咨询中，我曾接待过好几位年长的成功人士。他们都在公司有着重要的职位，并且因为出生于工人家庭、白手起家而备受员工钦佩。

贝特朗在整个地区最大的公司之一做总裁，手下有逾三万员工，在世界各地都有分支机构。他说："当我还年幼的时候，看着父母为工厂耗尽心力，我实在是难以忍受。"贝特朗记得，自己印象里几乎没见过父亲，"我为我们的公司感到羞耻，因为它竟让我的父母活得那么悲惨……所以我告诉自己，绝不能再这样下去了。我下决心一定要成功，而且不可以出现经济问题。"的确，贝特朗凭自己的双手建立起了一个真正的商业帝国，但在他临近退休时却被心脏科医生建议来到我的诊所咨询，此前他曾出现了三次心肌梗死，并一直有着精神压力过度的问题。贝特朗自述，他从来都没有安全感：他一直害怕再次陷入童年时的悲惨境地。他无法放下人生中的那一段经历，并终日担忧着能否过好退休生活。所以，即使他有着傲人的成功事业，却完全没有自信。

▶ **社会背景强化完美主义倾向**

我们身处的社会推崇的是对卓越的追求，而这只会愈发强化我们的完美主义。当您打开电视机、收音机或报纸，最先看到或听到的都是："最优者方能生存。这是竞争的社会、追求效益的社会。社会不接受错误……"因此，在当今社会，成为完美主义者才有价值。

疗愈方法：初步提示

本书的第三部分将为您具体解析诸多疗愈方式。与前文一样，此处我仅向您简要地引述几个主要步骤，以及它们在第三部分中对应的几大关键点，从而使您方便地找到具体的疗愈方法：

▶ 第一，弱化您的失败（"关键一"，第144页）；

▶ 第二，学会满足，学会为自己所做的感到高兴（"关键二"，第179页）；

▶ 第三，区分行为的价值和您本人的价值（"关键二"）；

▶ 第四，把您的各目标进行归类（"关键二"）；

▶ 第五，做事时先从最紧急的和最喜欢的做起，把讨厌的和不紧急的放在后面（"关键二"）；

▶ 第六，改变惯有的生活模式。学习按另一种节奏生活，同时关注您的正面情绪（"关键二"）。

成见五：
"我永远都做不了决定"

案例

47岁的索尼娅是一名银行职员。她说："我一点自信都没有，甚至是平日生活中最琐碎的事情都没法面对。比如，儿子踢完足球，我决定不了到底是开车去接他还是让他自己坐公交车回家；在商店橱窗里看到一个花瓶，我也决定不了到底是买红色还是买蓝色的。一天，我的电脑坏了，可我怎么都没法决定要不要把它换了：我在犹豫是买个新的呢，还是买个二手的。结果呢，我电脑里还没做完的工作彻底停滞了。"索尼娅认为，当年她做出的结婚的决定很大程度上导致了持续多年的焦虑。

若您在生活的各个方面都长期有着犹豫不决的问题，那么这就是您缺乏自信的一大标志。不过，在某些状况下踟蹰不已却是正常的，比如您要做出的决定是不可挽回的，或者它会带来非常严重的后果。

决定障碍的机制

当您面对两个选项——一套正式的灰色西服和一套稍显休闲的蓝色西服——而您需要做出选择（因为您的预算买不了两套）时，您必须决定不买某一套。这时，问题就来了：如果您做了一个决定，就要有能力承受不做另一个决定的后果。这是尽人皆知的道理，却也是真正的困难所在。如何且为何要放弃一个主动向您招手的选项呢？每个选择都有它的好处与坏处。当您选了两者之一时，就等于失去了另一个选择会带来的好处。例如，若您放弃了蓝色西服，选了灰色的，那么就失去了蓝色那套带给您的舒适逍遥感；相反，若您放下了正式的灰色西服，选了蓝色休闲款，那么您会觉得下次面试的效果很可能就没有期望中的那么好了。

问题的核心在于不做决定，而不在于做决定。您可能会说："不做决定就不会有麻烦了！"的确，如果您不做决定，您就不会错过某些可能性，但拖延问题会让您无法自拔。拖延，就是无休止地把今天本可以决定的事情推延到明天。请不要忽略一个事实："不做决定"本身就是一个决定，一个不付出行动的决定，并且是一个产生负面后果的决定。若您一件西服都不买的话，您就只能穿旧的，于是您可能穿得不舒服，心里也不再喜欢旧衣服了。此外，您面试时的状态也会不甚理想。拖延者们由于一直无法做决定，他们的生活从此便停滞不前。

有时，犹豫不决有益身心

在生活中的某些情况下，确实不宜太快做决定。这时，犹豫是有用的，甚至是必要的。那么，合理的犹豫不决有哪些特点呢？

▶ 当待选之事可能是一个错误，并会带来严重的后果时。对于不过快做决定而言，这是一个正当的理由。例如，让在决定结婚之前来到了我的诊所寻求帮助。若是做出错误的选择，就会导致严重的后果（离婚）。

▶ 当做出的决定不可逆转时。这是慢慢做决定的第二个正当理由。整容手术就是一个突出的例子。我一直跟踪咨询的病人若纳唐患有社交恐惧症（即惧怕他人的评说），他告诉我，他向来都讨厌自己的鼻子，并且已经与整形医生预约了门诊。由于我很了解若纳唐，他的自信缺失，以及他内心的怀疑，我便判断，对他的整形一定要采取慎重的态度，应当让他再等一下，在做出这样的决定前先增强自信。在治疗接近尾声时，若纳唐的自信被提升了许多。他说："的确，我的鼻子不太好看，但不管怎样它只是我的一个小缺点，应该接受它……"之后，他完全没有接受手术。

▶ 当您要做的决定需要您事先搜集更多信息、进行比较时。例如，您想买一套公寓，那么您最好花时间去多看几套、评估一下市场价、向擅长此领域的朋友们咨询一番，并想一想您这套公寓的特质是否符合您的期待：安静、离工作单位较近、视野开阔等等。

▶ 当您对第三方负责，且您的决定与他们有关时。这就是一家公司的人力资源部经理在做裁员决定时要面对的。这也是外科医生和重症监护医师在决定进行急救时的处境。这还是您在周末长假中驱车带孩子出去玩时必须保证行车安全的原因。究竟是冒着风险选择车辆过多的高速路，还是稍稍推迟出行？您17岁的儿子已经可以在有人陪伴的情况下合法驾车了，那么要不要在这一天把方向盘交给他？

▶ 当您常常做出错误决定时。皮埃尔来咨询时说，自己这已经是第四次离婚了："我自己在思量，医生啊，说到底，究竟为什么我会一次次重复地分手呢？"如果您在某个方面倾向于重复性地出错，那就可能是因为您过早地下了决定。那么，在下次做决定之前，花点时间好好思考不是更好吗？

▶ 当决定所带来的风险几乎不可能被评估时。面对结婚的决定，有没有可能提前面对婚姻中您与另一半各自的反应？在买房时，您能否确定一两年后会否突然因职位变动调去其他城市？决定的事越是持续长久，就越是难以评估一旦弄错之后的后果。

▶ 当需要决定的事属于您并不擅长的领域时。比如，您本人偏向于书斋型，但前来装修的泥水匠声称房子的水泥质量有多么好，您是否有能力进行判断？您不是更该和楼里当电工的朋友聊聊这事吗？

"过度"犹豫不决的迹象

▶ 即便是最小的、不会产生后果的事，您都会犹豫不决。在两个花瓶面前，您花了好几个小时都不知该买哪个。最后您选了红色的，但回到家后，您觉得自己买错了，就把花瓶拿回了商店。接着，您换了蓝色的那个。可是回到家后，您又觉得蓝色和地毯的颜色不怎么配。您觉得自己这次一定是搞错了，于是再次把花瓶带回店里退了，要了一张抵价券，不管是蓝色还是红色的花瓶，反正都不要了……而为了决定周六是否要接受邀请出去吃饭，您告诉男朋友，您需要四天的时间好好想想。您的犹豫与日俱增，直到饭局的前一天晚上，您还是不打电话确认您是否出席。您一直在犹疑。

▶ 即便是可以挽回、逆转的决定，您也会犹豫不决。许多商品都是允许几天之内凭收银条退换的，商家也非常理解人们的迟疑对消费水平下降的影响。

▶ 您始终在做比较，一次又一次地比较。您去汽车店里可不是为了简单地咨询一下，而是准备了几百个问题，一定要先向"雷诺"（Renault）、再向"标致"（Peugeot）的销售人员问个水落石出。事后，您打电话给"雷诺"，也给"标致"打了一个，说："啊，我忘了问您了……"公司让您在五月选择一个长周末休假，您却就此和爱人讨论了几个钟头："你说得对，但我们用第一个周末的话可以做这个……我们用第二个周末就能做那个……不过再之后……"

▶ 您高估了自己对别人承担的责任。我们已经了解到，有些决定一旦做出，确实要求人负起责任来。但有些人总觉得自己要对"害"了别人而负责。他们高估了自己的责任。比如，有些患者有强迫症现象，每次出门前要检查十几次煤气开关，生怕有一点纰漏就会引起一场大爆炸，害死很多人。

▶ 您曾犯过错误，认为自己会一直犯下去。许多遭遇过严重后果的患者都是如此。比如，一位年轻女子的父亲曾由于生意问题，使全家一贫如洗。从此，这位女子就终日害怕自己会身无分文，所以从来不敢花钱。

▸ 有些选择背后的风险实在难以估测，甚至无法估测。自让的女友提出结婚后，他整整犹豫了两年，最后女友离他而去，和别人在一起了。

▸ 要做的决定属于您不了解的领域。不过，您并不是去征求两三位内行人士的意见，而是把黄页翻开，给每一位泥水匠、管道工、电工都打了一遍电话，看看他们是否听说过负责您公寓的物业公司。

决定障碍的根源

▸ 别人的一次错误决定，为您的童年带来了痛苦的阴影。例如，您的父亲曾碰上过诈骗犯，以致全家陷入贫困，境况凄惨。

▸ 您在过去曾犯下一次严重的错误。比如，您的前夫是个奸诈小人，利用您多年。您非常痛苦，如今在进入新的恋情之前都要犹疑许久。

▸ 您从来在任何事上都有着极其负责的态度。您是家里的长女，在少女时期，父母总让您照顾弟弟妹妹们。您非常焦虑，甚至恐惧，因为您觉得自己太年轻了，担负不起这么大的责任。您害怕犯了错后会害了弟弟妹妹们。

▸ 您的父亲或母亲就是犹豫不决的人。在您的成长过程中，身边并没有任何一个不焦虑、不怕失误、很快做决定的榜样。

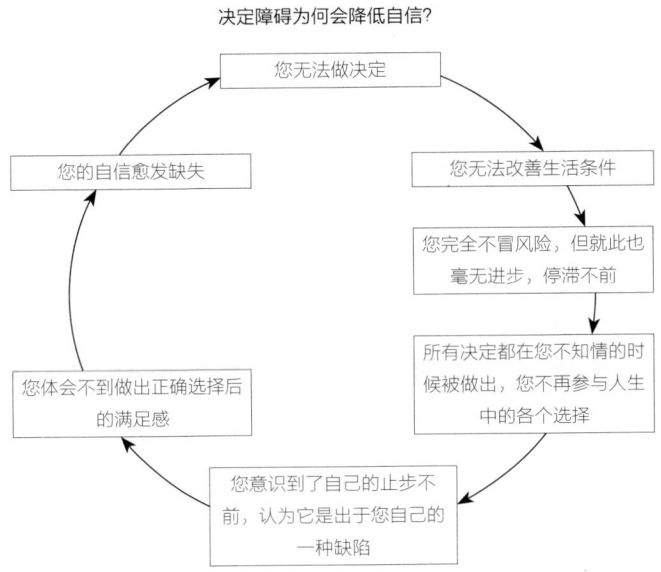

疗愈方法：初步提示

本书的第三部分将为您具体解析诸多有关决定障碍的疗愈方式（请参阅第179页"关键二""敢于行动"和第209页的"不要拖延至明日"）。此处我将向您简要地概述几大主要步骤：

▶ 与妨碍您行动和下决定的思想对抗；

▶ 对每个选项的利弊进行清晰完整的分析；

▸ 先对最容易下决定的、您最感兴趣的事做决定;

▸ 一步一步行事,制作一份循序渐进的行动计划来帮助自己。

成见六:
"我总是自寻烦恼"

案例

54岁的皮埃尔情绪异常激动地冲进诊所。他看上去极为紧张、神经质,声音颤抖地说:"医生,太可怕了,我总觉得会有不幸的事发生在我身上!所有事情在我看来都成问题!我已经看了几十个医生了,他们都说我是焦虑过度,都让我来您这儿看……"他喘着粗气,继续说道,"我受够了,一切都让我担忧,而且从没停止过。您瞧,比如说,我12岁的外孙女发烧了,她已经去看过医生了。可是只要我女儿还没打电话来汇报新情况,我就坚信外孙女已经得了脑膜炎……还有,我在一家公司里干了三十五年,就快退休了,但我仍每天都觉得他们会立刻炒我鱿鱼……只要我的孩子们开车上路,我就会每小时打个电话过去核实他们是否已经到目的地了。我已经过分到激怒他们了。我从来就怀疑一切。一放下电话，就开始担心。

"此外，我也总觉得身体某个地方又不舒服了，接着就会往最糟的情形去想。我会觉得自己得了癌症或什么重病……幸亏我的家庭医生是个很有耐心的人。他还是每次都会接待我。您知道的，这个可怜的医生肯定受不了我了……而每次他给我检查的时候，都说我一点病都没有。我这个人从来都不消停！我老是担忧，一件事担心完了，就被另一件事困住了。

"不过，生活中我倒是没有什么大问题。家庭幸福、工作稳定，我的收入很不错，妻子的退休金也不低。可是，我还是一直害怕有一天会有什么可怕的事发生在我身上，或者更糟糕，发生在我某个亲人的身上……"

皮埃尔始终以退让的方式低调地生活：他拒绝了所有的升职机会，因为惧怕自己达不到所需的高度、让上级失望。他也拒绝了所有出国旅游的机会，因为生怕到了国外就会遭遇事故或染上什么病。

但这并不是全部：随着咨询的深入，我意识到，皮埃尔对他自己处理意外和新事件的能力有着极为彻底的怀疑："如果我有一个孩子病了，如果我的工作出了问题，或者我在经济上、夫妻关系上有什么困难，我是没办法去面对的。我对自己没有信心,我处理不了任何难题……"

焦虑的机制

皮埃尔无时无刻不在为所有的事情担忧,因为他被卷入了一个焦虑的旋涡,这个旋涡是基于两大机制形成的。

机制一:潜在风险被高估

对皮埃尔来说,所有的一切都有危险性,而这些危险随时随地都可能降临。这就是他必须按照这一思路预防的原因。为了预先做准备,他做出了再三使自己安心的行动,例如每个小时都打一次电话给正在开车的孩子、每十分钟就打电话给孙辈们看看他们是否放学回家了……

若您和皮埃尔一样深受焦虑之苦,您可能也会避免所有可能造成危险的事物,如飞机、旅行或公共交通。总的来说,您会预先想象所有您控制不了或并不熟悉的情形。由此,您变得不再进步、不再学习新事物,也无法面对未知与意外。[1]

---

[1] 请参阅É. 莫拉尔(É. Mollard),《恐惧一切》(*La Peur de tout*),Odile Jacob出版社,2003年。

机制二：难以直面未知情形

由于您对未知事物的恐惧，您会避免与之接触，或在先前就做好准备。这样一来，您就不再有能力面对新的情形，也不再相信自己处理意外的能力。最终，当意外真的降临时，您的能力得不到锻炼与提升，您也会不知所措。

"如果，如果，如果……"——这是您最常用的座右铭。您就像职业国际象棋手一样，早早地就想到了之后的好多步棋："如果我把后放在这里，他就会移动他的象去保护他的王。那我就能在第二步中把我的车挪到这个位置。然后他可能就会把马挪走，去保护象。那么，第三步我就能让后向前一格。于是他会把象重新放到前面，这样他的王就暴露出来了，我的第四步就可以再挪一次我的后，去干扰他……"但您是否确定整盘棋会这样走？万一您的对手不照您的想法下呢？那样的话，您所有的预期都会一无用处。

"如果孙子们不接我的电话，是不是说明他们放学没回家？是不是他们出了事故，所以没法给我打电话？那他们出了事，应该受伤很严重吧？他们妈妈的手机会不会因为出事而坏掉了？他们的爸爸是不是又正好在出差，联系不上了？如果我作为祖父这时不守着电话，那就没人救他们了！"

然而，当我们越是去预期什么时，我们就越是可能会犯下错误，因为正如棋局的对手有可能不会用我们想象的走法一样，生活也是充满意外的。下图概括了过度焦虑的机制以及它与自信缺失之间的关联。

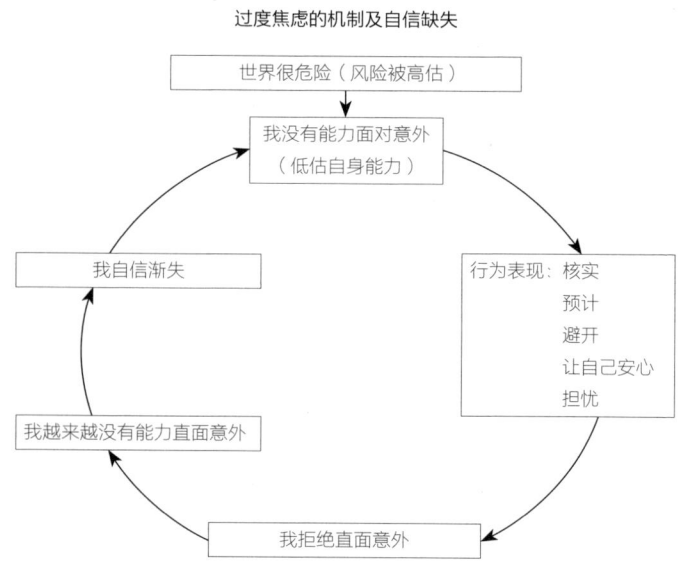

过度焦虑的机制及自信缺失

焦虑的身体表征

过度焦虑不仅会体现在心理上，还会通过肌肉紧张度的增加、发抖、肌肉收缩和其他各种疼痛症等身体表现显露出来。

您可能因此会出现医学上所说的植物性神经系统过动症

(hyperréactivité neurovégétative），表现为心悸、心动过速、出汗、手汗、口干、晕眩、咽喉有异物感，以及无法放松。

您也可能会感到极为兴奋，会夸张地狂跳、难以集中注意力、丢失记忆、失眠或睡眠不持续。

该成见的根源

目前，我们尚且不能确定这一成见的成因，只能做出三种可能触发焦虑的原因猜想：

▶ 第一，生物性成因。某些儿童在幼年时期就表现出高于一般水平的敏感性与情绪化。不少心理学书籍的作者都发现，一部分儿童显然比其他人对身边的环境更敏感、更易受环境抑制。

▶ 第二，心理成因。相比其他儿童，有些儿童更会认为外界是危险的。他们会高估风险，并较其他人而言更倾向于将环境评估为危险。

▶ 第三，教育成因。在幼年最初的经历中，儿童会感知到自己无法控制周边环境中的某件事物。在两种形式的教育下，他会感到自己没有能力解决某些问题。这两种教育，其一便是出于"不可靠"的父母——他们让孩子独自面对所有危险，以致孩子会出现焦虑和惊恐的情况。其二是出于"保护过度"的父母——他们总会对孩子提及那些固有的危险,说道:"小心,这很危险!别出去!你做不到的……"其结果是让孩子质疑自己直面问题的能力,在自己的世界里躲起来,变得容易害怕、焦虑。

事实上,这三种猜想在学术界都有众多支持者,而大多数研究焦虑问题的专家都基本认同,这三个成因里的任何一个都不足以独自引发焦虑。焦虑应该是由生物性、心理和教育这三个因素混合而成的。

但这仍然不能解释一切。当焦虑问题的根基在儿时形成以后,第二个问题来了:为什么焦虑会在20岁至40岁的成年人中出现?为什么它会从童年一直持续到成年?

‖ 持续焦虑的成因

共有三大机制使人持续沉浸在焦虑中:

第一,焦虑者眼中的世界比真正的世界更危险。

这就是我们刚才谈到的对危险的高估。

第二,焦虑者质疑自己处理问题的能力,尤其是当他们遇到无法预见的问题时。

我们已经在前文看到,他们在面对人生的重大事件时缺乏自信。

第三,焦虑者有一种坚定不移的"信念",认为忧虑可以防止负面事件的不期而至。

也就是说,如果我为某些事非常担忧,那么我的生活中就不会有那么多"麻烦事"了。不幸的是,这种信念会使人陷入依赖忧虑的境地,让他不停地担忧下去。

成年人的过度焦虑源自两大因素:

因素一:您的疑虑自童年起就已形成

儿童内心产生如下认定:

- 世界很危险;
- 我没有能力面对危险;
- 我很脆弱。

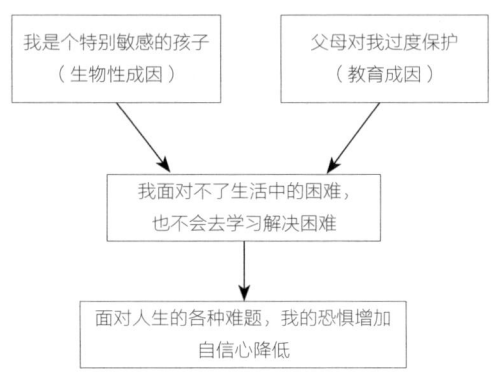

‖ 因素二：您的疑虑在成年后继续无限期地保持下去（如下图所示）

以下想法被再度巩固：

▸ 世界的确很危险；

▸ 我必须通过忧虑来保护自己不受危险的侵害；

▸ 我避免直面意外，因为我无法面对它们；

▸ 这就证明了我没有能力直面危险；

▸ 我没有自信。

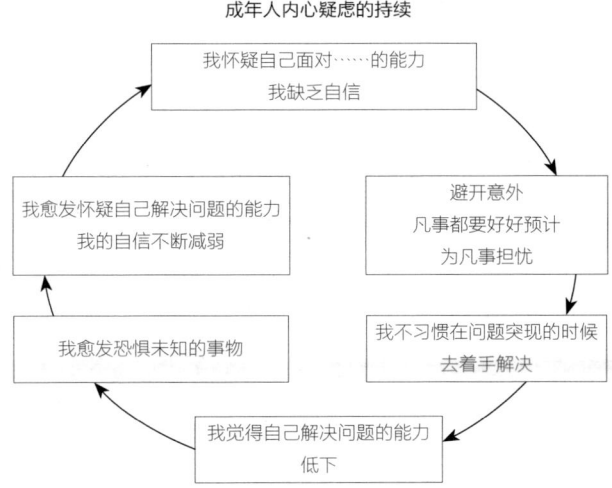

成年人内心疑虑的持续

疗愈方法：初步提示

请勿徒增保险手段

疗愈的目的在于使您明白，单凭忧虑是不能阻止麻烦到来的：就算我们忧心不已，麻烦事还是会降临；而就算没有麻烦事，我们仍可能忧心忡忡。这就是保险心态的原则。正如您为您的住宅买了火灾险，保险费很贵，而您可能一辈子都在付费，房子却从未着火。那么，您付出的保险费等于毫无意义。

焦虑者终日都在"买保险"。他们情愿用一辈子付款的风险去抵挡另一些永远都不会成真的风险。那么我们是否应当就此完全不为任何事物"买保险"了呢？

为过度焦虑的患者治疗时，原则之一就是要理解，他们并没有完全做错。事实上，人生中的确有一些重大、悲剧性的事件是应当好好计划的。例如，就算我们没有得什么慢性疾病，每个人仍要有规律地去看全科医生，只是为了确认身体状况良好。这并不是焦虑的表现，而是谨慎态度的体现。同样地，开车上路时我们都会控制车速，也会在红灯时停车。这也不是焦虑的表现，而是为了自身和他人安全而做出的反应。所以，我们应接受正常范围内的焦虑。

如何降低过度焦虑？

此处推荐的治疗旨在降低焦虑中过度的部分，而非彻底除去焦虑。我的许多患者都在这方面有所误解，当他们前来咨询时，都希望我能帮他们消除所有的焦虑。请您明白，这不仅仅是不可能的，而且焦虑原本就是生活的一部分。我们要处理的，是它过度的、对生活产生侵扰的部分。

怎样才能做到呢？

‖ 将您的焦虑根源分成三类

▶ 第一类为确实存在且可被改变的情境。例如："我会不会赶不上飞机？"您可以为这个情境而付出行动，如决定提早出发。如果有必要，您得查看一下去机场的路上有没有堵车。

▶ 第二类为事实存在但不可改变的情境。例如，贫困或失业、身患不治之症等。这些让您担忧的情况是真实存在的，但与前者不同，它们不可能或者很难被改变。

▶ 第三类焦虑根源为您甚为担忧却并不存在的情境。例如，在遥远的未来将可能发生的某些情况。一般来说，您的思虑总是以"如果……"开头。比如，明明没有任何检查结果显示您患癌，您却会说"如果我得了癌症"；某孕妇的胎儿无任何异常，却担心"如果我的孩子生出来的时候畸形该怎么办？"；您很受上级欣赏，也从未有人向您提过裁员，您却忧虑："如果我的老板炒我鱿鱼怎么办？"；"如果我的房子烧了呢？"；如果、如果……在此，我们面对的都是假定可能发生的情况。它们的确也是生活的一部分，并非极为罕见，但目前与我们并无关联。

‖ 弱化生命危险与世界上的危险，除去其夸张成分

此处是指让焦虑者以更加积极的方式看待事物。要做到这

一点，我们要利用本书第三部分中提到的认知技巧。

‖ 学会放松

对于医治全面性焦虑而言，这一步是最重要的基石。通过各种让身体放松的方法，您就可以让自己平静下来，舒展紧绷的肌肉。放松对于减轻焦虑带来的各种身体症状非常有效。它可以缓解痛感、头疼、失眠、睡眠障碍，以及各类压力。

‖ 改变行为，尤其是刻意让自己安心的行为

事实上，当皮埃尔打电话给孩子们、了解他们有否安全到家或仍在途中时，若他没有立刻得到回答，就会"焦虑恐慌"。想必他是带着疑虑生活的。我们的建议是让他的儿女们在到家时主动打电话给他。

‖ 学会解决日常生活中的问题

我们会看到一系列情景实例，来评估焦虑者回应突发事件的能力。明天若公共交通系统临时罢工，您去上班的路上会怎么做？如果您的孩子明早发38℃的高烧，您会怎么做？月末时，若您的银行顾问打电话告诉您账上已有透支，您又会怎么做？

‖ 想象最坏的可能性，习惯它，与它共处

我们会在病情最严重的时候使用这个方法（请查阅第272页的"更多相关内容"。

总而言之，在无休止的忧虑中生活，会使您渐渐失去自信。您会怀疑将要面对的遭遇、您直面遭遇的能力。您也会因压力太大而身心不适，深觉被各式问题困扰，并且无法做出相对应的反应。

在这种情况下，您需要处理您的焦虑问题，从而提升您的自信。

成见七：
"我无法信任别人，我必须当心"

案例

莫妮卡——遭强奸后的心灵受创

莫妮卡曾在16岁时被强奸。如今，39岁的她从未进入恋爱关系，更未有过性行为。她感到非常羞耻："在我这个年纪还没性经验实在是太不正常了。想象一下，当一个男人知道我39岁了却从没做过爱，他会怎么看我……我想，他肯定会大笑不止，还会去告诉每个朋友。他肯定会觉得和我这样的女人在一起没有什么意思。"莫妮卡的人际关系非常糟糕。她不信任任何人，无论女性还是男性朋友，她连一个都没有。她与医院里同事们的关系很紧张，她甚至都能想象同事们多么讨厌她、希望她倒霉。不，莫妮卡并没有妄想症。她终日生活在不信任的气氛中，而这与她被强奸后的创伤息息相关。

但莫妮卡也有很深的罪咎感："那件事是我的错，是我自找的！那时我正在青春期，我开始穿得暴露，还化妆……当我被强奸后，我就觉得是自己挑起的，而且强奸我的人在法庭上也是这么说的……"这段话在受创的未成年受害者中很常见。他们经常会在成年人对其施行的暴力行为中感到自己应为此负责。对他们而言，成年人总是更有理。现在，莫妮卡依然深受此事的影响。不少男士都曾尝试着接近她，其中不乏非常爱慕她的人。然而，每次这样的接近都让她陷入难以忍受的惊惶之中。临近40岁，莫妮卡觉得自己不久以后可能就生不了孩子了，于是前来接受心理治疗。她多么渴望建立家庭、成为母亲。随后，她接受了耐心、长期且复杂的治疗，也遇到了一位理解她、接受她按自己的节奏慢慢改变的男士——她的改变尤其在于自己对身体的重新接纳。在这一切之后，她终于得以幸福地和爱人生活在一起。

夏洛特——情感表达缺失引发的心灵创伤

夏洛特的整个童年都是在情感的缺失中度过的：她的父亲待人冷淡、缄默，对女儿的成绩从来都不满意（而女儿实际上非常出色）。她的母亲总是帮衬父亲：一旦夏洛特遇到问题，她不仅不给予帮助，还会把责任加在女儿身上："孩子，负起责任来，这是你该负的责任！"夏洛特觉得非常孤单、从来都不被支持，也因小小年纪就要独自面对困难而很是担忧。渐渐地，她学会了只靠自己，永远不要靠别人。如今，46岁的她说："我还是一个人，单身。工作中，我一个人扛下所有的任务，从来不要别人来帮忙。走在路上，我情愿迷路也不会去问路，因为如果我自己没法解决的话，我会觉得羞耻至极。"

夏洛特的成见就是：在生活中，人必须自己解决一切问题，不可以寻求他人帮助，因为那是在示弱："我不能指望别人，因为谁都帮不上半点忙。男人？医生啊，更别说男人了。如果我任凭自己沉湎爱河、去信任他的话，他就会剥削我、利用我，最后抛弃我。每次我进入一段感情，最后都是这样收场的。您瞧，靠别人还不如靠自己……"

对夏洛特而言，他人并没有威胁性，但他们对她不会带来任何益处。而对于莫妮卡而言，他人则会带来暴力。

信任缺失的机制

与其他成见稍有不同的是，此处的成见是关于自信受损，而非自信缺失。此外，比起对自己的信心的损伤，该成见更多影响到的是我们对他人的信心，实际上，正如第138页中的图表所显示的那样，这一成见是由一次心灵创伤开始形成的，而这次创伤又可能有着两种机制。

两种心灵创伤

这两种创伤，一种被称为积极创伤。如此称呼，并非因为遭遇的事件是值得高兴的，而是因为这起事件会在个体的生活中留下鲜明突出的痕迹，如莫妮卡之例。这类事件可能在童年时发生，也可能在成年后发生。若在童年发生，则通常涉及以虐待性操控、羞辱等形式进行侵害后导致的心理创伤，今天我们称其为精神暴力（moral harassment）。这类事件也可能涉及肉体伤害、乱伦、强奸、性侵犯、虐童等。克里斯托夫·安德烈（Christophe André）和弗朗索瓦·勒洛尔（François Lelord）曾用"有毒的父母"[1]来称呼这些家长，也称他们为侵犯式督察。这些父母中，有的自以为是孩子唯一的是非鉴定者，有的长期酗酒，有的存在语言暴力，有的对孩子进行身体虐待，还有的则进行性虐待。这些童年创伤曾被长期掩埋于各家庭见不得人的隐秘角落，而今，因媒体使受虐者得以走出隐姓埋名的阴影，越来越多的创伤事件凭借媒体在此领域的正面影响力被曝光在了世人面前。心理创伤也可能发生在成年人身上，例如被强暴的妇女，在友情或职业领域遭到背叛的人，等等。

另一种创伤形式为消极创伤。同样，这里的"积极"或"消极"并不是指好或坏，而是指由于某种缺失而导致的创伤。这一缺失多指情感缺失，以夏洛特为例。这种情况下，儿童并未遭受明显可见的创伤，但情感的缺失使他孤独无助，尤其在情感方面非常孤独，因为父母几乎不曾向他传达爱意。

两种情绪

如第138页中的图表所示，由虐待导致的积极创伤会引起

---

[1] 见《恰如其分的自尊》（*L'Estime de soi. S'aimer pour mieux vivre avec les autres*），Odile Jacob出版社，1999年。——作者注；译本由生活·读书·新知三联书店，生活书店出版有限公司2015年出版，"有毒的父母"论述见该书第236页。——编者注

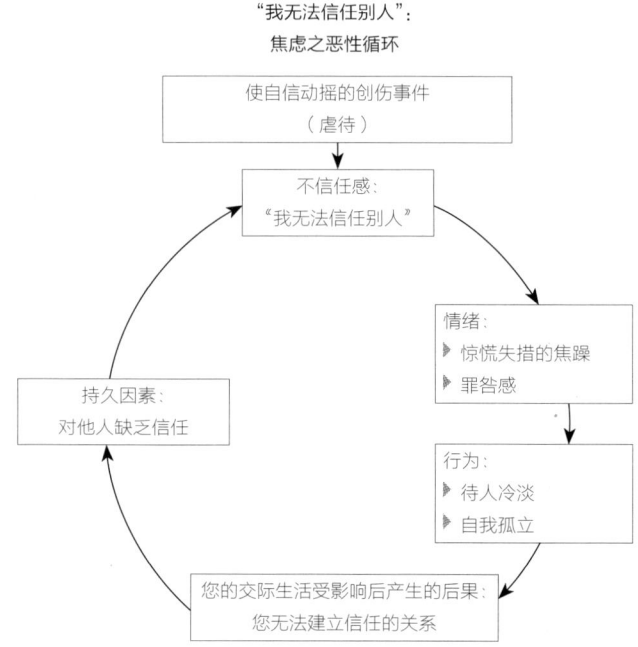

不信任。事实上，您会感到被背叛，很可能会在所有的人际关系中都先入为主地不信任他人。

这种不信任感主要针对他人，并伴有两种情绪：

▶ 第一，惊慌失措的焦躁。一旦有人想接近您，这种情绪就冒了出来。

▶ 第二，罪咎感。这种情绪在儿童当中尤为明显。儿童更容易反复质疑自己，当他们被成年人侵害以后就会产生负罪感，因为成年人在他们心目中总是有理的。

两种行为方式

以上情绪会产生以下的两种行为方式：

- 待人冷淡，甚至拒绝想要接近您的人；
- 因惧怕与不信任而自我孤立：您情愿一个人待着。这些行为会导致严重的后果：您的交际圈变得非常狭窄，您不再结交新朋友，在爱情关系中也无法信任对方……这些后果继而又成为一大持久因素，将您最初的成见再次巩固，如上图所示。

当每个环节都完整地连接起来以后，您就身陷这一恶性循环中了。若您想要重拾自信，就要走出这一循环。

信任自己 vs 信任他人

这一部分谈到的成见可以让我们来探讨"信任自己"和"信任他人"之间的联系。事实上，这一成见有别于其他六大成见，因为它所涉及的受损部分（以莫妮卡为例）或缺省部分（以夏洛特为例）都是对他人的信任。这两位女士的问题核心就在于缺乏对他人的信任。

我们已经看到,在前面谈到的成见中,自信是信任他人的重要前提;而反过来,先信任他人对自信也很重要。夏洛特的生活中完全不存在对他人的信任,也就是说,他人在任何时候也都无法让她自信起来。而对于莫妮卡来说,强奸她的人摧毁了她在青少年时期刚刚建立起来的自信。

这一成见的另一个特点在于,如图所示,恶性循环的起始并非成见,而是一件严重的创伤性事件,它随后会引起自信缺失。以遭受暴力虐待的人为例,有些人在被虐待前是有自信心的。这就说明,即便自信已经被建立,它仍然可能会随时动摇,甚至崩塌。我曾接待过一位57岁的女性患者。她在被辞退后前来就诊:"我在一家小公司里做总经理秘书整整三十五年。我是老板的左膀右臂,安排他的时间表、他的一切事务。他对我一直都是绝对地信任,直到把我解雇的那天。我觉得我被背叛了。从那以后我再也没有工作过,我再也不会信任任何的雇佣方了。"

自信是需要被悉心维持的。我们应当知道如何去保护它、如何在一生中不断滋养它。以莫妮卡为例,她在之后接受的治疗中慢慢学会了如何在面对强暴时保护自己,从而维护她的自信心。而夏洛特接受的治疗则侧重于优化她的人际关系,让她学会求助，并开始对他人产生情感。

无论在什么情况下，在人际关系上进行自我封闭或孤立都是恶性循环的持久因素，绝不会帮助您走出困境。相关解决方法将主要针对人际交往中信任的回归。

疗愈方法：初步提示

此处优先应用的疗愈方法是恢复（莫妮卡之例）或创造（夏洛特之例）信任的关系。

相关方法将在本书第三部分详细介绍。我将它们概括如下：

▶ 与他人的信任关系的恢复应当以循序渐进的方式推进。以夏洛特为例，我们先从她的女性朋友入手，围绕某项体育运动慢慢建立友情关系，之后再建立恋爱关系（请参阅第236页的"关键三"）；

▶ 当您在重新对他人产生信任的时候，您就需要处理您的情绪问题，减少您的惧怕、焦虑和恐慌（请参阅第179页的"关键二"）；

▶ 接着，您需要对付您的消极思想，特别是当他人的行动与您相关时，您如何揣摩他们的意图（请参阅第144页的"关键一"）；

▶ 若您曾是严重事件的受害者，您需要通过学习保护自己来走出受害者的身份，捍卫您的权利。您可以在"关键三"中找到有效的自我肯定方法。

在读完这么多种成见、看完那么多人物的故事后,您也许已经能更清晰地看到,您的自信缺失有哪些成因。自此,您应该会更了解您的问题所在。通往曙光的道路已经走完一部分了。透彻的了解,才能引向更好的前路。

不过,您的了解过程虽然必不可少,却必须由行动来使整个疗愈变得完整。没有行动,我们是无法增强自信的。以下您将看到助您提升自信的三大关键。

第三部分

医治受伤的自信

Une thérapie de la confiance en soi

如何提升自信？这里推荐的步骤有着缜密的逻辑性。您也许还记得三层结构的金字塔模型：

▶ 底层：自尊。这是第一个需要改变的方面。"关键一"将帮助您更正面、积极地看待自己，更爱自己。

▶ 中间层：个人能力（我是否有能力做……？）。"关键二"将协助您排解各种疑虑和心理障碍，敦促您进入实际行动。这是最为根本的一大关键之处：若您陷入阻滞，不采取行动，您就极有可能沉浸在自信的缺失之中。

▶ 顶层：人际互动能力。这是锦上添花之笔，用以巩固您的自信。"关键三"将帮助您发展这一方面。

关键一：
更爱自己

只要您对自己一直持有负面的评价，您就不可能重拾自信。所以，您必须控制内心批判自己的微小声音，因为它严重妨碍着您的行动。以下的"心理体操"将帮助您面对这个问题。

学会了解真实的自己

与其对自己做出评断,不如观察自己……以旁观者的身份。缺乏自信者对自身都有着既定成见:"不管怎样,我绝对做不到的,我完全没有能力……"但是,您可能用这种方式,以如此全面而毫不妥协的判语对您最好的朋友说话吗?这样负面的评断极难被驳斥,除非发生奇迹。

请您反转思路,客观地观察您的行为、情绪和思想……请迟些评判自己。有效方法之一就是坚持写个人日志。它由一些卡片组成,您可在其上记录下每一个自信低落的时刻。这个技巧已在第86页塞巴斯蒂安的案例中出现过,叫作"三栏表格"。它可以让您观察:

▶ 您所做的事,写在左侧一栏中(即您的行为);
▶ 您感受到的一切,写在中间栏(即您的情绪),从0到10评估这些情绪的激烈程度;
▶ 您对自己说的话、内心独白,写在右侧一栏中(即您的自发思想)。

具体实例如下:

25岁的蒂博在一家有名的度假俱乐部任职策划。他却缺少自信，总会想象一些灾难景象。以下是他的三栏表格：

蒂博的三栏表格

事件情景	情绪	自发思想
描绘发生的事件：地点、事件、经过、同行人物	具体描述您的情绪及其激烈程度	具体描述事发当下您瞬间产生的想法
周六上午十一点，我组织的尼泊尔旅行独家团在两小时后就要出发了	焦虑、担忧、窘迫憋闷 5/10	我有没有检查所有机票？ 我有没有弄错那位女士的夫姓和本姓？如果弄错的话她就走不了了
周日下午三点，我姐姐索菲生宝宝了，把孩子给我抱	焦虑、极度紧张 8/10	我没法抱住小孩 我会把他摔着的
周二晚上八点半，我检查了穿去参加婚礼的西装。我最要好的哥们儿要结婚了	担忧、内心亢奋不已 3/10	我该穿成什么样子 我看上去还是会像个小丑 女孩瞧都不会瞧我的
两周后我得和朋友们去滑雪	羞耻 4/10	他们都比我滑得好 他们会嘲笑我的 我看上去会很可笑

克莱芒丝，22岁，女大学生：

克莱芒丝的三栏表格

事件情景	情绪	自发思想
描绘发生的事件：地点、事件、经过、同行人物	具体描述您的情绪及其激烈程度	具体描述事发当下您瞬间产生的想法
我和闺密克洛艾坐在酒吧里，十来个男生边说边笑地走进来，吹着口哨，叫侍应生过去	惊慌、自觉可笑 7/10	他们会朝我走过来的 他们会接近我、和我说话，我不知道怎么回答 他们会嘲笑我的 我真可笑
周二下午三点，在学校，与两个男性朋友于课间交谈。其中的一个名叫弗雷德里克，我很喜欢他。他对我说："我完全同意你说的。我觉得你常常会有很中肯的想法。"	脸红、发热、窘迫、羞耻、惊慌 7/10	我又害羞了，脸都红了 他会发现的，会觉得我好蠢 又是这样，你根本配不上你喜欢的男生
周六下午，和五个朋友逛市场。一个美容摊位想为我免费化妆	发窘、羞耻、不自在 6/10	他们都在看着我 我整个人都打扮得很奇怪，在场的其他女孩各个都比我美 他们会看到，就算化了妆我还是很丑

请您仔细阅读这两个实例。按您的观点，这两位之所以感受到不安，是否只是因为他们的处境？他们的不安是否有一部

分与负面的自发思想相关？可否用某种更正面的方式诠释发生的事，让他们不再如此不安？

许多人都认为，生活中发生的事件是造成心理问题的原因。毋庸置疑，事件本身在您的生活舒适度上扮演着极为重要的角色，然而，我们在每天的门诊中都会接待许多深感不适的人，可他们未曾有什么悲剧性遭遇。相反地，我们却会见到不少并未受命运眷顾，却自信非常坚定、健康的人。这是为什么呢？

在仔细观察这两份表格后，您就会理解这一现象。大部分心理的不安都与我们诠释事件的方式密切相关。通常，我们几乎不可能改变突发的事件本身，如不让您的爱人与您分手、阻止老板对您的解雇、迫使您的父亲不要再指责您……不过，我们可以改变我们体会这些事件的方式。借助这样的"心理体操"，在记录下一件又一件事时，随着您对处境的感知方式的改变，您可以逐渐做到在身处某个情境的当下就减弱您的不安。

过度自责

细化您对自己的评断（技巧：为您的用词定义）

心理医生：克洛艾，您是出于什么而觉得您那天进餐馆时显得很可笑？

克洛艾：呃，我那天一个人进去的，所有人都看着我！

心理医生：独自一人和其他客人都看着您——这两件事就足够说明某人很可笑吗？如果您自己已经落座，看到某人独自走进来，您会觉得她很可笑吗？

克洛艾：不会啊！就算是一个人，也可以去餐馆吃饭啊，不可能因为这个就变得可笑的！

心理医生：那么，您是想说您是可笑的，还是您觉得自己可笑？

克洛艾：我觉得自己可笑。

事实上，克洛艾在折磨自己：她把她对自己的感知（觉得可笑）与现实中的自己（是可笑的）混淆了。

在我们的某次谈话中，克洛艾说："我不是一个正常的人。"她觉得自己与别人不一样，认为她是不正常的。我让克洛艾定义一下"正常"的女子该有什么特征。她的回答如下：

一个正常的女人——

▶ 她会在个人生活中找到平衡点；

▶ 她会在工作中找到平衡点；

▶ 她有吸引力、时髦精致、云淡风轻，知道如何掌握主权，看重与别人和另一半的关系；

▶ 她做事认真、自信满满，敢于做想做的事。

于是，我问克洛艾："您周围有哪些人符合这些标准？"

克洛艾：我认识好几个呢。萨比娜这些优点全部都有，她很有魅力，又认真，又自信……但她不够时髦！西尔维符合好几点：她很有吸引力，还很时髦漂亮。不过她不看重自己的需要，没什么自信。索菲？嗯，她大部分都符合，不过她不够有魅力。奥雷莉？她不错，每条都符合。

心理医生：那么，在这四个您觉得是正常人的朋友里，只有一个人，奥雷莉，只有她符合所有标准。那么您呢，克洛艾，您再看看这些标准，您自己符合哪些、不符合哪些呢？

克洛艾：有魅力，嗯，有时候有吧；时髦、不计较，嗯，有点，但不够；掌握主权，不，我完全不会；认真，是的，所有人都这么说；自信，周期性的吧。

克洛艾很快意识到，她对自己"不正常"的判定和对朋友们"正常"的判定都有可能夸张了。

奥雷莉也同样做了用词定义的练习。在某次咨询中,她说:"总之我就是个自私的女人!"于是,我让她在下一次咨询时把"自私"的概念定义一番。

在随后的咨询中,奥雷莉说道:对我来说,一个自私的人,她——

▸ 只会根据对她有利的因素做出行动;
▸ 轻视其他人的舒适度。

当我问奥雷莉,她自己是否符合两条,她回答说:"不符合,两条都不符合。但其实我好好思考了一下。我不自私,而是自我中心的人。"接着,我让她定义何谓自我中心的人。

她的回答如下:

▸ 她首先考虑的都是自己的需要、自己的益处;
▸ 她想把一切都占为己有;
▸ 她还会把自己与其他人比较,看看别人是不是比她高一等。

我又问奥雷莉,她是否符合这些标准。她对第一条和第三条说了"不",对第二条说了"好像是又好像不是"。她解释道，当她觉得身处危险的时候，会想把一切都占为己有；但当她和信任的人在一起时，就没有这种心迹了。她还补充道："在我的整个童年里，这样定义的自私一直被我父母拿来批评我。但医生，当我现在和您一起仔细审视我的处境时，我就意识到，就目前来说这是不对的，我既不能算自私，也不能被称作自我中心。这是论断，不是事实。"

这样的用词定义练习非常有用：奥雷莉曾认为自己很自私，而我们刚才已经看到，这不是真的——这种自我论断的方式会让她有罪恶感，并且会让她失去自信。

请您注意您对自己的用词：它们很可能会带来伤害。请具体、细致地定义这些用词，不要让它们肆意地在您身上产生作用。

查验您的自我评断的真实性
（想法与现实的对照）

单纯地相信，或是如信念般深信某个论断的正确性，是不足以成为其成立的论据的。您需要去查验它。

19岁的卡蒂娅来到诊所，状态很糟糕。她说："我早就知道我肯定不正常！"她不想再多说什么，激动得哭成了泪人。

在情绪慢慢恢复以后,她终于开口解释自己如此不安的原因:她无意中撞见两个朋友,她们正在说:"她吗?她不是正常人!"

事实上,卡蒂娅确信她的朋友们说的是她。当我询问时,她意识到,自己并未去证实朋友们在说谁。卡蒂娅在内心深处一直觉得自己不正常。她已经在之前的几次咨询中提过这一点。她听来的这个用词——"不正常"——恰好与她内心的自我看法一拍即合。这并不是妄想,而是惧怕,惧怕他人会真的以我们怀疑他们会评判我们的方式来论断我们。正如卡蒂娅那样,她只听得到似乎能确定她不正常的讯息,却听不到显示她与别人并无差异的内容。

心理学专家皮亚杰(Piaget)是第一位谈及儿童发展中同化(assimilating)[1]过程的人。在他之后,其他学者都证实,当人为某些事物忧虑时——如"不正常"之例——人们会把从周边环境里接收到的讯息进行转化,变成自己想听的内容。我们会把现实情况按照我们的惧怕加以转化。

萨比娜在咨询中曾讲述了她的一件事例。她的部门上司对她说:"现在您的工作有点儿懈怠啊!"萨比娜忍着,没有说

---

[1] 见J.皮亚杰,《儿童关于世界的概念》(*La Construction du réel chez l'enfant*),Delachaux et Niestlé出版社,1950年。

话。来到诊所后，她说："他说的和我想的一样。医生，您不要再做无用功了，我就是一无是处！"于是，我问萨比娜，她的上司有没有说她一无是处。她回答说没有，但她认为他一定是这么想的。我告诉她，正是这个她强加于上司的念头让她心中不安。随后，我建议她细致地查证一下，她的上司究竟想说什么。借助几次角色互换游戏，我们准备了一场她与上司的谈话。以下便是谈话摘录：

萨比娜：先生，那天您对我说，我的工作懈怠了。这件事让我很揪心，因为您知道我多么重视我的工作。您可以告诉我您究竟想说什么吗？

上司：马丁先生打电话给我，说您一直没联系他，商量关于资产负债表的事。

萨比娜：哦，确实，我没时间给他打电话，真的很抱歉。有没有别的事情让您觉得我现在有些懒散？

上司：没有了，就这些。因为平时若我让您联系某个客户的话，您会马上做好的。

萨比娜明白过来，她的上司并没有觉得她一无是处，只是在就某一件事情做出针对性的批评。我们称这种自我肯定的调整技巧为"消极考察"。我们将在第236页的"关键三"中具体解释。

主动质问您的自我评断
（技巧：相符还是相反）

您常常无条件地相信您的自责，不怎么去查验它是否有根据。有时，就某些事实来说，它确实有一部分的可信性，您也可以承认这一点，以此提升自己。但您同时也需要注意那些驳斥消极想法的事实。"相符和相反"的技巧将帮助您实现这一分类。您可以自己进行操练。请记下那些与您的想法相符的论据，然后再记下相反的论据。

以萨比娜为例，她的练习如下："有哪些事实让你觉得自己一无是处？"

相符的事实：

▶ 我没有给客户打电话；
▶ 我没有当场回应上司的批评；
▶ 上级给我指示是在表示他相信我能处理好，我如果不去做的话就说明我不可靠。

相反的事实：

▶ 这是上司第一次以这种形式对我表达想法；
▶ 我去见他的时候，他的批评是有针对性的，只与马丁先生那件事有关，并没有其他的责备；
▶ 我的同事多米妮克和马蒂娜曾告诉我，她们有时也会忘记做客户的电话追踪，但她们从没觉得这说明她们在工作中一无是处。

通过这一练习，萨比娜意识到，事实上她在工作中并没有她想象的那么糟糕。您可以像她一样，当您质疑自己时便使用这个技巧。

您的关注焦点
（消极想法的利与弊）

如下表所示，您有必要明白，您的消极想法会带来许多弊端，但它们也有一些益处。正是这些益处使它们一直持续着。不过，您需要对您的想法做出认真细致的分析，看到它们的利与弊，从而了解天平倾向何方：利是否大于弊？

塞莉娅的分析

负面想法"我没有能力……"的益处	负面想法"我没有能力……"的弊端
它可以让我避免直面困境 什么都不做,我就能确定自己不会犯错 如果我做不到的话就不会显得可笑	我做的事越来越少 我一点都没有长进,反而倒退不少。别人都觉得我无足轻重,认为我平时都不做什么 因为我觉得自己没有能力,我内心充满了负面情绪 我觉得自己一无是处,心情很抑郁

这个实例表明,有时我们很难做出心理的改变。塞莉娅很痛苦,因为她的无能感受有着许多弊端。但从另一个角度来说,逃避那些让她担忧的事情会使她轻松不少。很出人意料吗?不!如此负面的自我评判也是有它的益处的。尽管如此,塞莉娅还是在论断自己没能力的想法中发现弊大于利。

现在,通过先前介绍的技巧,您已经了解了内心自责过度的特征,接下来就应该终止这些固有的自责,重新找回自信。要做到这一点,我先向您推荐一系列您可以亲自操练的技巧。

不再自我指责

关上内心的自责收音机

我们已经分析过,我们内心的自责声会降低我们的自信,并使这种自信缺失长久地保持下去。如果您想要增加或重拾自信,就必须关掉内心的自责收音机!

‖ 路易,自己的观众

我们来看看路易在当众推介供职的协会时脑中都上演了些什么样的场景。他在表达的时候,头脑里出现了许多自责的负面思想,这些自责的思想被记录在以下每句演讲词下方的括号中。

路易:大家好。我是路易,××协会的策划负责人……

(我的声音在发抖,我感觉得到,我好慌……不行了,我做不到啊,我克制不住发抖的声音啊……)

会议主席:请大声一点,我们听不见,会场很大。

路易(勉强挤出一点笑容):我需要一支话筒。

(这简直就是场灾难,我的声音还在抖,谁都听得到,谁都看得出我很紧张。)

路易：好，正如刚才发言的那一位所说，今年，我们的业务将有所调整……

（我的声音在抖，我做不到的，我在说什么啊，我真没用，谁都看得出来，我要停了，我要放下手来告诉他们我做不到，我不干了……他们会怎么想啊！我真可笑！）

路易：为了获得这些技能，显然参加我们协会的活动是一个上佳选择……

（我都在说些什么？都是胡说八道、陈词滥调！我都不知道我自己在说什么，又混乱又没条理！而且台下的人那样看着我，就好像他们听不太懂的样子……我不知道我说到哪儿了，天啊发生什么了？我还要说什么？）

后来的结果显而易见：路易惊慌地离开会场，确信自己的水准太低。他补充道，他绝对受不了别人对他的指责。他会觉得自己完全变得无力、虚脱，根本无法做出回应。

‖ 对责备分外敏感

路易就好像得了"责备过敏症"一样。由于自责不断，当他面对任何与指责有一丁点或较大关联的事时，就会完全无法忍受，并进行激烈的排斥。即便有人告诉路易，他的演讲很有意思，他也不相信。这让人很伤脑筋，因为路易再也听不进周围的声音，也不去听那些可能帮助他长进的责备。当路易的负面想法越来越多时，他的压力显然越来越大，而他的自责让压力更大。幸好，自我肯定的一些技巧（在后文将具体介绍）将帮助路易更好地面对自我指责。

自我指责为何具有毁灭性？

- 自责使您的生活陷入瘫痪。您不再行动；
- 自责使您深感不安；
- 自责通常都没有切实根据；
- 自责妨碍您进步；
- 自责置现实于不顾；
- 自责在您颓丧之时仍纠缠着您。

请在您的自责的问题上多加操练。减少倾听收音机自责频道的频率，怀疑它、反对它，关上它。换掉您的调频，改听自我鼓励的频道。

打开您的自我鼓励频道
（技巧：去中心化）

如果您更多地收听自我鼓励频道，您就会成为自己最好的朋友。为了做到这点，请向您自己提两个问题：

‖ 若您最好的朋友有难，您是否会帮助他？

这个小练习非常有效。通过它，您将发现，您有着与朋友们亲切互动的全部能力……却在与自己好好相处上没那么在行。

当您质疑自己、刚刚对自己做出某个指责时，请想象一下，此刻您正和一个好朋友在一起，与他谈心、安慰他。您还记得前文中被上司责备的萨比娜吗？她就做了这样的练习。

心理医生：在您的同事中，有没有您特别敬重的人？

萨比娜：有，埃马纽埃尔。她工作很出色，我和她私下里也是朋友。

心理医生：如果埃马纽埃尔对您倾诉了刚才您告诉我的事情，对您说："你不觉得我一无是处吗？"您会怎么回答她？

萨比娜：我会回答说，埃马纽埃尔，可你真的一直都很可靠，很少出差错。你忘了打电话给这个客户，不过谁都有可能会忘。工作上有点纰漏不代表您整个人都一无是处。你真的是特别好的人,是个好妈妈、好妻子。瞧,你还有那么多的朋友呢!

我几乎不忍心打断萨比娜对埃马纽埃尔的正面评价!她没有意识到,自己可以成为一个对埃马纽埃尔如此贴心的好朋友,却同时也是她自己的可怕的敌人。这两个极端是基于同一个情境上的。

心理医生:所以,您一定会为您的朋友带去缓和情绪的安慰,而那些是您不会为自己做的。那么以后,您是否可以对自己使用同样的话语呢?用和对埃马纽埃尔说的话一样具有建设性的话语。

另一个转去收听自我鼓励频道的方法就是问自己以下这第二个问题:

‖ 若您最好的朋友站在您的角度,他/她会有什么想法?

请找一个您认为与您关系最亲近的人(家人或朋友),且此人对自己很有自信。想象一下,如果他/她在您的处境,他/她会怎么想。萨比娜选择了她的嫂子米莉娅纳,她是个自信状况良好的人:"如果她站在我的角度,听到上司这样责备她,她肯定会想:我要问他一下他到底在针对什么事情批评我,根据他的回答,我再考虑是不是要把他的批评当回事。"

心理学专家将这两种思考方式称为去中心化技巧（decentering technique）。它们能够让您与自己的心理不安保持一定距离，从而渐渐减弱您的不安。您可以使用一张五栏表格来简化这一功课。如下便是萨比娜的表格：

事件情景	情绪	自发思想	备选思想	情绪
描绘发生的事件：地点、事件、经过、同行人物	具体描述您的情绪及其激烈程度	具体描述事发当下您瞬间产生的想法	记录其他更具建设性的思想	重新评估您的情绪，将备选思想考虑在内
三月六日，周二下午两点，上司说："您最近工作上有些松懈啊！"	伤心、对自己失望、忧虑6/10	我肯定犯了很多错 他看出我根本没什么能力 我一无是处	你平时都很可靠 人都会犯错，这不代表你一无是处 你得去问他究竟针对什么事情批评你（像米莉娅纳一样去做）	伤心、对自己失望、忧虑3/10

您会从中发现，在拓宽视角以后，萨比娜的负面情绪的激烈程度从原本的6分降到了3分。处境并没有改变，她的上司确实是批评了她，但萨比娜诠释这个批评的方式使她不再感到如此难过，并把她的心理不安减去了一半。有什么药物可以让

人的不适在几分钟内就减弱一半呢？况且，这一练习还不会产生副作用，也没有毒性。

随着您越来越多的操练，您会发现，这个心理治疗方法将越来越有效。

通常，当人们缺乏自信时，会倾向于产生过度的罪恶感，把所有的失误和错处等等全部归咎于自己。我们会用比现实更为消极的眼光去看待他人、周围和这个世界。这一切都只会进一步加重我们的自信缺失。

您必须在积极与消极之间、在出于您内心的和出于他人的想法之间找到某种平衡。归因理论（attribution theory）将帮助您做到这点。

停止罪恶感

归因理论

借由归因理论，心理学家们[1]已经研制出了一套出色的工

---

1 继罗特（Rotter）1966年的研究之后，归因理论由艾布拉姆森（Abramson）、塞利格曼（Seligman）和蒂斯代尔（Teasdale）三人于1978年进行进一步探究，并被用于修改贝克（Beck）在1979年提出的抑郁症患者之理论。参考资料如下：

▶ J.罗特，《强化的内外控制之普遍预期》（Generalized expectancies for internal versus external control of reinforcement），Psychological Monographs 杂志，1966年版，80期，第1—28页。

▶ L.艾布拉姆森、R.塞利格曼，《人类的习得性无助：批判与重塑》（Learned helplessness in humans: critique and reformulation），Journal of Abnormal psychology 杂志，1978年版，87期，第49—74页。

▶ A. T.贝克，《抑郁症的认知治疗》（Cognitive therapy of depression），Guilford Press 出版社，1979年。

具，用以减轻您的心理不适、增加您的自信。他们注意到，在对受抑郁症或焦虑症困扰的病例进行研究时，可以将人们的思想归为四大类，经概括后如下表所示：

	向内	向外
消极	这是我的错	这是别人的错
积极	这多亏了我	这归功于别人

人的想法，可以是向内的或向外的，消极或积极的。

一个向内的消极想法，指的是一个人把失败的责任归因于自己，如："我失败了，这是我的错。"一个向外的消极想法，则是指一个人把失败的责任归因于他人或环境，如："如果我失败了，那就是考官不公平、偏心！"

而积极的想法也是类似的结构。若您获得了成功，说道："这很正常，我在这上面花了很多功夫，这个结果是我配得上的。"您的想法就是向内的积极想法，因为您把成功归因于自己。若您想道："考官们都很和善。他们就这么轻松地给我过了。题目也特别简单！"那么您就是把成功归因于考官和题目，属于向外的积极想法。

学者们还发现，缺乏自信的患者都倾向于将失败的责任归因于自己（带有向内的消极想法）。同时，他们不会把成功归因于自己，却归因于他人、环境或一时的运气（即向外的消极想法），这令他们的自信遭遇更大的缺失。

为了更好地应用这一技巧，我建议您使用一张五栏表格。与以下实例中的弗朗索瓦一样，请重新拿出三栏表格，明确地写出第三栏中的每个自发思想是积极的还是消极的。接着，统计一下消极思想的数量（弗朗索瓦和纳迪娜都是四个），并在第四栏里写上数量至少相等的积极想法（弗朗索瓦和纳迪娜也都有四个）。在第五栏里，请重新评估情绪（即第二栏中的情绪）的激烈程度，从0分到10分不等。您的心理不适也许在这时就减轻了。

在这个练习中，最重要的就是找到与消极想法数量相同的积极想法，因为学者们已经发现，这种平衡对人的舒适度而言必不可少。若消极思想占有主导地位，甚至是独霸一方的话，心理不适就会紧随而来，且会愈发严重。在弗朗索瓦和纳迪娜的例子中，您会注意到，这一"心理体操"式的练习帮助他们减轻了一半的不适。心理不适不会被彻底抹去，因为发生的情境确实让人苦恼；不过，焦虑会被大幅度减轻，足以让它不再阻碍、吞噬您的生活。渐渐养成习惯以后，您就会有能力在事发当下立刻将不适减轻一半。但我们仍要提醒，这一"心理体操"需要时时操练，才能真正变得有效。

事件情景	情绪	自发思想	备选思想	情绪
描绘发生的事件：地点、事件、经过、同行人物	具体描述您的情绪及其激烈程度	具体描述事发当下您瞬间产生的想法	记录其他更具建设性的思想	重新评估您的情绪，将备选思想考虑在内
三月二日，周一，部门经理开会，作总体情况汇报	惊恐、焦虑、肌肉紧张、憋闷、心跳加快、发热 7/10	我的发言一点都不流利（向内消极想法） 我必须克服焦虑（向内消极想法） 我缺乏安全感，不笃定（向内消极想法） 其他人肯定觉察出来了（向外消极想法）	我因为有意愿，才得以参加部门会议（向内积极的想法） 以前参加类似会议的时候，我的表现都很不错（向内积极想法） 我得解决工作中的问题（向内积极想法） 同事们会帮我解决工作中的问题的（向外积极想法）	惊恐、焦虑、肌肉紧张、憋闷、心跳加快、发热 4/10

纳迪娜的表格则关于爱侣间的关系：

事件情景	情绪	自发思想	备选思想	情绪
描绘发生的事件：地点、事件、经过、同行人物	具体描述您的情绪及其激烈程度	具体描述事发当下您瞬间产生的想法	记录其他更具建设性的思想	重新评估您的情绪，将备选思想考虑在内
我男朋友累了，我们在家庭聚会结束后回家，一路上，他在车里不怎么说话	苦恼、心中憋闷 8/10	我肯定做错什么事了（向内消极想法） 他觉得我和他的家人格格不入（向外消极想法） 他不爱我了（向外消极想法） 他要离开我了（向外消极想法）	他大概因为什么而累了。我们开了很远的路（向外积极想法） 事情的焦点应该不是我。他的沉默应该和我无关（向外积极想法） 他可能因为美好的周末就这么结束了而有点失望。我也是，我也挺失望（向外积极想法） 就算真的与我有关，也不意味着他要和我分开（向外积极想法）	苦恼、心中憋闷 3/10

如何减弱您的消极信念?

在大多数情况下,以上列出的练习足以让您改变看待事物的方法。不过,我很了解,有些人会反驳道:"您说的这些积极想法,我根本不相信,也不赞同……我觉得,所有处境本来就都是消极负面的。"当然,长久以来,您早已习惯于用消极的方式去诠释遇到的事件,并且在接受心理治疗之初,上述的备选思想在您看来并不总是具有可信度。贝克教授(Prof. Beck)提出的练习——"评估对每个想法的坚信程度",可能会对您颇有益处。保罗在下表中进行了实践:

事件情景	情绪	自发思想	备选思想	情绪
描绘发生的事件:地点、事件、经过、同行人物	具体描述您的情绪及其激烈程度	具体描述事发当下您瞬间产生的想法	记录其他更具建设性的思想	重新评估您的情绪,将备选思想考虑在内
我们为浴室订了一批瓷砖,但发货商不给我们送货。我妻子便责备我不够坚持自己、没有跟他们据理力争	有挫败感、攻击性上升 8/10	我妻子无理取闹(向外消极想法,坚信程度 80%)	我会去努力要回订金(向内积极想法,坚信程度 50%) 最重要的是,我得意识到我和妻子对浴室的装修有着同样的品位(向外积极想法,坚信程度 30%)	有挫败感、攻击性上升 4/10

保罗对每一个想法的坚信程度都进行了评估,以百分比表示:

▸ 80%:他十分相信,并几乎确定他的妻子就是无理取闹;
▸ 50%:他的相信程度中等。他觉得讨回和讨不回订金的可能性各占一半;
▸ 30%:事发当下,他并不怎么相信自己和妻子的共同品位在这个情景中有什么重要的。后来,他意识到,这是他与妻子的共同点之一,是使他们的夫妻生活更美好的重要因素。

就像保罗一样,当您开始做这个练习时,很可能会非常倾向于坚持您的消极想法(保罗的坚信程度是80%),却对积极想法没有什么把握(保罗的坚信程度分别是50%和30%)。但请相信,随着操练次数的增加,也随着您对事实越来越多的关注,您对消极想法的坚信度就会下降,转而愈发相信您的积极想法。

不过,我想提醒您,备选思想必须是现实的。我们的练习不是为了说服自己,以为一切都是积极正面的,而是为了对生活中的各种情境形成更客观的诠释方法。

您将在后文看到,近年来,心理学家们在诠释方式上进行了大量的探究。他们已经研制出了许多其他的方法，以帮助您更宽容、友好地诠释自己的行为，从而改善您的精神感受。在此之外，您必须了解一件事：由于时间的推移，您早已习得了一种定向的、有时甚至是偏见性的信息处理方法。

错误的信息处理（GRIMPA）等于自我折磨

关于我们处理信息的方式，心理学家们进行了非常有趣的分析。他们将我们的这种认知过程（cognitive process）具体描述为GRIMPA，意思如下：

▶ G =扩大化（英语：generalization），即您从一个具体的点立即把问题扩大化。例如，当您在工作中犯下一个过失，您就会把自己看作工作时只知道犯错的人。您继续把事情扩大化，说："总之我就是只会犯错！"用一句评语概括您的整个人生，包括爱情、友情、工作等各个方面。另外，还有一种时间性的扩大化做法，例如，您这样想："不管怎样，我总是在工作上犯错，以后肯定也是只知道犯错。"

▶ R =二分法思考（英语：dichotomous thinking），即"非全即无""非黑即白"的思考定式。细小的差别是不存在的，灰色不存在，浅灰色也没有，深灰色也找不到。这样思考的人会说："我要么就成功，要么就失败，就是要么得零分，要么得满分。让我得个60分是绝对不够的。"

▶ I = 任意推论（英语：arbitrary inference），即没有依据地对某事下结论（实例请看路易和奥雷莉的四栏表格）。

▶ M = 负面最大化及正面最小化（英语：maximizing negative features and minimizing positive features），您把自己所做的所有负面之事极大地夸张，却把正面之事化为最小。

▶ P = 个人化（英语：personalization），即把事情都揽到自己身上。例如，在一群人共同议事时，您认为所有的批评和弦外之音都与您有关。

▶ A = 选择性的抽象化（英语：selective abstractions），即您常常从一个细节就得出整体的结论。

路易和奥雷莉分别仔细分析了各自的认知过程，他们都用到了四栏表格。两人的结果如下：

路易的四栏表格

事件情景	自发思想	认知过程	备选思想
今天早上穿戴一番、准备出门时，我在镜子里看到了自己的肚子	我真丑	负面扩大化以及负面最大化	虽然我的确有点肚子，但这并不说明我的整个外表都很丑（除了肚子以外，人还有许多其他部位） 我总的来说还是挺有风度的，别人都喜欢我的笑容和眼神 好几个朋友都说我这个年纪长相算是年轻的了
我去见几位生物学教授，不过我对我们讨论的主题并不是很在行	我比他们懂得少，肯定会在那么多人面前说蠢话的 他们会很负面地评价我，也肯定会在背地里议论我的不是	负面最大化以及任意推论 个人化	每个生物学教授的学识都是有限的。再说，我的同事阿蒂尔都曾在上一次开会辩论时说了傻话呢 谁能证明这个呢？我又不是世界的中心。他们有的是比议论我重要得多的话题

（续表）

事件情景	自发思想	认知过程	备选思想
	如果我与他们讨论这个我不太懂的话题，我看上去肯定会很可笑	任意推论	当他们对某个主题不在行的时候，他们的样子会和我一样的 我还不如自然表露我的不足之处。这样就能不那么紧张

奥雷莉也用这个方法做了练习：

奥雷莉的四栏表格

事件情景	自发思想	认知过程	备选思想
我的部门里有一位同事要退休了。她组织了一个告别聚会，但没有邀请我	我肯定做了什么让她看不惯的事了 她就是不想让我参加聚会	任意推论 任意推论	我要去问问她对我有什么批评意见 我要去了解一下其他同事是否都被邀请了，或者这是否纯粹是个小范围聚会

为了使您个人的主要认知过程浮出水面，我建议您重新

拿出您的三栏表格，仔细地对每个想法一一研究，看看它们各自符合哪个/哪些认知过程。一般来说，您会发现，您的大部分认知过程都是一样的。有些人用"扩大化"处事，有些人则惯用"个人化"（把一切都揽在自己身上）。当您看清自己的认知过程时，我建议您可以像路易和奥雷莉一样，寻求一些备选的、客观的，且与现实相符的思想，从而对处境进行更为客观、不再让自己那么有罪恶感的分析。

太多命令式语句

在英语国家，心理学家将这一现象称为should和must。它指的是您认为自己必须做的事，是您向自己表达的命令式话语。您的思想中充满了以"应该""我必须""不应该""我决不能"等用词开头的语句，不断向自己申明各种生活准则，并强制自己执行。

这些语句例如：

- 我决不能拒绝别人求我的事情；
- 我决不能在有点成功的时候就自夸炫耀；
- 我必须一直竭力做到完美，不让任何人失望；
- 我必须自始至终避免让别人不高兴；

▶ 如果我不能百分百确定做得成某件事，我就绝对不能去做；

▶ 如果我对某个话题不怎么在行，我就绝对不能在讨论时发言……

您可以做一个很有趣的练习：在某一天，请您写下自己所有以"应该""我必须""我决不能""不应该"等开头的话语和思想。这天结束时，请数一数共有几句。您将意识到，这些命令式的自我对话出现的频率极高，而通常它们都是不容妥协的，并引导着我们的大多数行动。

现在，您已经了解了改变思考模式的要领。这些改变的目的在于使您为一切变化做好准备，以不同的方式去行动，最终重拾自信。不过，除此之外，您还需要给自己放行……

允许自己付诸行动

卡罗琳在她的表格上加上了第六栏，填写她的备选行动。起初，只要卡罗琳一旦把自己往坏处想，就会很神经质，大发雷霆。当她在一件与丈夫经历的小事上发现对方把小事扩大化时，她内心的备选思想使她有了力量，平静地前去要求丈夫按照她的希望把事情做好。

事件情景描述	情绪及其激烈程度	自发思想	备选思想	情绪及其激烈程度	备选行动
我发现我的丈夫又把热水调节器上的温度调低了。我很生气、很挑衅地对他吼。他回答说："你总是这样！别人只要和你不一样，你就发火，好像要翻天了一样。你老是想占上风。"	愤怒 5/10	他没说错。我总是一下子就火冒三丈，也一直想要占上风（向内消极想法，坚信程度70%） 我天生就不是结婚的料（向内消极想法，坚信程度80%）	他把事情扩大化了。他把我的行为说成是一贯的反应（向外消极想法，坚信程度80%） 我得让我们的对话回到热水上（向内积极想法，坚信程度60%） 我的目的是要热水，而不是和他吵架（向内积极想法，坚信程度70%）	愤怒 2/10	我要去见丈夫，告诉他，别再调那个热水调节器了

就这样，卡罗琳很平静地要求丈夫把热水调回原来的温度，甚至得到了丈夫的欣然同意。卡罗琳的事例说明，某些想法会阻碍我们的行动，而相反地，另一些想法则帮助我们顺着

自己的意愿去行动：

- 阻碍我们行动的想法，抑止行为的思想；
- 帮助我们行动的想法，引导我们做出建设性行为的思想。

好，现在您已经准备行动了。您开始相信自己了。付诸行动非常重要，因为自信的真正建立是从您改变生活中的一些事物，并为此感到自豪开始的。

关于心理医生们使用的认知技巧（有关人的思想），心理学界有着更为完善的治疗系统。若您想要完全采用这套方法，您可以在第272页的"更多相关内容"中一览心理医生们的治疗手法。

请您注意两点：

- 在大部分情况下，第272页中记录的治疗技巧须在专业心理医师的帮助下使用；
- 对于多数人而言，这些治疗方法并非必要，本章中的"关键一"足以助您解开问题。您现在可以进入下一步了：请看"关键二"。

关键二：
敢于行动

行动非常重要，但不可盲目，须有章法，因为焦虑会阻碍您付诸行动，我们需要先将它平复。

在提升自信的过程中，行动是必不可少的。我们可以将这一点比作解方程：若套用著名的方程式去解开答案，那么自信必须通过行动才能有解。

六个月前，芭芭拉刚刚成功地拿到学位。她来到了我的诊所，一脸惊恐："我做不到啊，我太慌了，我没有自信，我从来都没有工作过，但下周就要开始了。"六个月后，芭芭拉转变成了一个活泼快乐的女子，自信满满。她告诉我，她的工作很顺利，心态十分笃定："现在，我可以把事情做得很好。我知道怎么处理文件，也和同事们越来越熟。我再也不怕了。同事们告诉我该做什么，我就抓住重点，在该进步的地方好好努力。"

正是这些日常生活中的经历让芭芭拉渐渐找回了自信。

三个月前，索菲觉得自己完全没有能力开车了："我一点自信都没有。我害怕造成车祸，让坐在后座上的孩子们受伤。我对自己完全没有信心，非常恐惧开车。"而今，索菲已经重拾自信，可以自如地单独驾驶。

于格四个月前因阳痿而咨询了一位性学医生。他同时很怀疑是否是某些心理原因造成了阳痿。性学医生给他开了一种现在很出名的药，可以帮助他勃起。在六七次的成功勃起之后，于格和女友都很满意，而他也重新获得了自信，不再质疑自己的性能力了。所以，他虽然知道自己的问题在于心理障碍，但他仍在男性特征上重拾了自信。

游泳的原理于我们都不陌生。6岁，您学会了游泳。从此，夏天一到，您决不会错过任何一个跳进泳池或钻入大海的机会。如今，您45岁了，蛙泳、蝶泳、自由泳都不在话下。您会质疑自己的游泳能力么？为了在游泳的技能上获得自信，您是否用得着处理自己的心理障碍、您的童年创伤、您与父母的关系？当然不用！

我们已经了解到，处理您的思想和个人问题对于重拾自信而言的确必不可少。但这还远远不够。若您确实想要建立自信，就应该付诸行动：行动上的反复操练会给您效率提高的感觉，从而增强自信。那么，如何行动呢？

激发您的自信

把抱怨变为目标

萨比娜说："我上司让我做热娜维耶芙该做的工作。她是个刚来的年轻同事。我不敢拒绝，但我觉得应该拒绝。已经三个月了，我还在帮她做一部分的工作。我很累啊，快不行了……"萨比娜对这额外的重担抱怨不已。她是这么回答上司的："我自己已经有不少工作了，你没有考虑到这一点吧。总是这样，每周你都说这个任务很急、特别要紧，但每周一同样的情形又重复出现了。好吧，来，把她的活儿给我吧，我会做的。"

"您瞧，医生，我就是个冤大头，一边抱怨却还是接受！"因为这种做事的态度，萨比娜沉浸在了"唉声叹气"的状态里。在公司里，别人提起她时会说："萨比娜这个人啊，你工作太多就可以甩给她一点。她会抱怨抱怨，但其实她人可好了，一定会帮你做的！"如果萨比娜想跳出这种抱怨的逻辑，她就应当学会拒绝，改变自己的自我形象，把自己看得更有价值。但如何拒绝呢？

我们一起做了如下练习：在几番角色扮演后，萨比娜和我

达成了一致,准备了一段话,作为对她上司的回应,以下是这段话的概要:

好,那这星期我可以做。我理解,这对你来说有点措手不及,而且你也没有别的人手能干这个活了。可是已经整整三个月了,对我来说有点过分了。另外,我决定不能在我的任务之外再负担热娜维耶芙的工作了。这周我再帮你一次,但这是最后一次。我非常希望你能理解我的立场,也希望你能找到其他的解决办法。当然,如果情况特殊、工作实在太多,我还是可以接受加几小时的班的,但我不希望这变成一种惯例。

值得注意的是,萨比娜觉得这段话十分符合她的立场。她微笑着说道:"医生,您知道吗,当我做这些额外的工作时,我甚至都没有加班费!更别说别的什么报酬了!"

这段话在坚决提出工作量方面的底线的同时,也做到了对上司的尊重,避免了冒犯。事实上,我们可以看到,萨比娜用到了同理心:她理解上司和公司的需求。她的个人利益和公司的利益并没有冲突。萨比娜的上司承认,三个月以来,萨比娜一直承担着额外的工作,而这的确应该以酬金的形式予以补偿。之后,上司还找到了别的解决方法,多雇了一个人，因为公司的业务在不断向好的方向发展。您将会在第236页的"关键三"中看到萨比娜使用了哪些具体方法，最终学会说"不"。

请您做一次清点

‖ 在下新的订单前，先看看您的库存里还有什么

乔瓦尼因缺乏自信而前来咨询。面对他消极的叙述，我很难决定让他采用什么样的积极行动。当我问他："您过去是否做过积极的事？"他回答道："没做过什么，我甚至都可以说，完全没有！"

于是，通过提问，我了解了乔瓦尼的大致经历。在此，我用一小段文字来概括他人生中的积极元素：他是家中十一个孩子里的老大，父亲在他们还小的时候就去世了，因此他很早就负担起了一部分教育弟弟妹妹们的责任。由于父母来自两个国家，他可以非常流利地使用两种语言，也在不同的国家上过学。以上的背景也造就了他很强的适应性。作为双语人士，他在戏剧和文学方面的兴趣非常深厚，深谙戏剧之道，名句信手拈来。此外，人们也认为他具有相当的幽默感，思想也十分自

由开放……乔瓦尼在对话末了这样总结："不管怎么说，我的经历还是挺顺利稳当的！"

当您缺乏自信时，由于您只关注消极面，您便无法看到积极面。也许，您会认为应该学着付出一些新的行动，但实际上您早就在做这些了。由此，您的库存可能会过量。请您当心：一家商店若存货太多，最后将只能破产。在缺乏自信的人中，很少有人敢认为自己是有优点的，也很少有人会想到，在开始处理自身问题之前，应当先认清自己的优点。许多心理学家在这一点上都有共识：我们要做的并不只是要帮助您解决您的困难，我们更是要使您意识到您的潜力，并协助您很好地利用它。以下的工具将让您看到您早已拥有的优点。

▎请您自己做一次清点，分析事实，而非分析看法

这项功课的目的在于对您自己有一个客观的看法。请抹去那些负面的观点，专注于亲历的事实，或是与他人共同经历的事情。请向自己提四个问题：

▸ 问题1：我有哪些缺点、哪些优点？

▸ 问题2：至今我经历过哪些失败与成功？

▸ 问题3：我力不能及的事有哪些？我的能力强项在何处？

▶ 问题4：对我而言什么是好的事情？

▶ 问题1：我有哪些缺点、哪些优点？

缺乏自信的人都难以回答这个问题。他们会把自己的缺点夸大，并无视优点。为了帮助您回答，我建议您列一张清单，在左侧写上所有形容缺点的词，右侧则写上形容优点的词。然后，按照您的想法，在左侧和右侧分别圈出与您的缺点和优点相符的词语。接下来，将缺点和优点的数量分别统计一下。两侧的总数是否相同？如果相同，情况就很完美。但如果您圈出的优点数量多于缺点，那么请学着谦虚一点哦！不过，这也会让我有些意外，因为若您缺乏自信，您所圈的缺点很可能多于优点。

下一个练习旨在使您的得分恢复平衡，找出您的其他优点，使您拥有平衡的状态，也使您的缺点与优点数量保持相近。下表可作为参考。若您很难找出数量相同的优缺点，那么您是否会寻求帮助？

事实上，这是一个以二分法为原则的练习：非此，即彼。然而，事实上，对于列表中的每个特质，我们都有可能在"两者之间"，即有些许优点的表现，也有些许缺点的显露。

缺点—优点清单范例

我的缺点	我的优点
懒散	活跃主动
笨拙	机敏
自我中心	关心他人
不诚实	诚实
不正直模棱两可	正直清晰明辨
习惯迟到	准时
三心二意	坚持不懈
不礼貌	彬彬有礼
紧张	放松
焦虑	平和
消极	积极
犹豫不决	坚决果断

正因如此,我认为连续谱是更为恰当的练习。请再拿出您的优缺点清单。请在纸的中央画上约10厘米的横轴。在横轴的左边写上缺点,如"懒散";在右边写上相对应的优点,如"活跃主动"。同样,画上第二条横轴,左边写上"笨拙",右边写上"机敏",等等。随后,请在横轴上您认为符合自己情况的位置画上一个叉。若您觉得自己的活跃程度算是中等,那就在正中间画叉;若您觉得自己比起笨拙而言稍显机敏些,那就在中间略偏右的位置画叉;若您认为自己非常关注他人的需要,那就可以在接近右端的位置画叉。以此类推。

在每条横轴上画叉后,请在正中央画上一条纵轴,将横轴分为左右各5厘米的长度。纵轴的位置意味着中间值,为居间状态。现在,请在您的这张表上圈出您所有的优点,数一数共有几个。这次的数量是不是较上一个练习多了一些?缺乏自信的人在做此练习时常常会有这一情况,因为他们并不以"程度轻微"的优点为自己的优点。他们通常只会把画叉的位置几乎在右端的那些算作优点;所以,他们是在把优点的数量最小化。

问题1:"缺点—优点连续谱"

	失败	成功	
懒散	——————	——×———	活跃主动
笨拙	——————	———×——	机敏
自我中心	——————	————×—	关心他人
不诚实	——————	————×—	诚实
不正直	——————	———×———	正直
模棱两可	——————	————×—	清晰明辨
习惯迟到	————×—	——————	准时
三心二意	—————×—	——————	坚持不懈
不礼貌	——————	×———————	彬彬有礼
紧张	——×———	——————	放松
焦虑	——×———	——————	平和
消极	————×—	——————	积极
犹豫不决	———×——	——————	坚决果断

▶ 问题2：至今我经历过哪些失败与成功？

关于这个问题，您可以与刚才一样，做一个完全相同的练习，在横轴上标注"失败—成功"的向度。正如朱莉的"失败—成功连续谱"所示，事情并非都是非黑即白的。每个人肯定都经历过部分的成功和部分的失败。

问题2：朱莉的"失败—成功连续谱"

	失败		成功
学业			——×——
感情生活	————×—		
友情	—×——		
关怀他人	——×—		
兴趣爱好			×——
身体健康的管理	———×—		
体育运动	——×——		
外出交际			————×—
社会志愿活动	———×——		

▶ 问题3：我力不能及的事有哪些？

您可以与雷米一样，做以下的练习，分析您的能力强项和弱项。

问题3：雷米的"能力弱项—能力强项连续谱"

	能力弱	能力强
骑自行车	————×————	————————
动手修补	————————	—————×——
组织派对	————————	————×———
组织旅行	——×——————	————————
整理	————————	×———————
表明观点	————————	—————×——
倾听他人	×———————	————————
做好本分工作	————————	—————×——
与同事的关系	—×——————	————————

▸ 问题4：对我而言什么是好的事情？

这一练习旨在揭示最关键的"标准"问题。通常，缺乏自信的人认为他们把事做好是正常的，因此便只会铭记没有做好的事。有一种办法对他们很有用：为每一个行动都画上一条横轴，横轴的左端是最差的结果，右端是最佳结果。您可将游标放置于两端之间的任何位置。请看如下纳塔莉的标尺，并与她一样，学习辨认您的自我评断中的细微差别。

问题4：纳塔莉的标尺

	毫无价值	很差	差	较差	一般	较好	好	很好	完美
在公司处理客户资料					↑				
昨天与妈妈的电话		↑							
前天的晚餐							↑		
我这周的健身房运动					↑				
我和莫妮克的聚会									

竖起耳朵：听听别人在说什么！

自信缺失可能会让我们什么都听不到！

当您整天开着收音机听批评的频道时，您是听不见鼓励的声音的。您曾试过同时收听两个频道吗？这显然是不可能的！您把频率稳稳地调在了批评的频道，再也听不到针对您的积极话语和举动。朱莉的实例就证明了这个现象。她的五栏表格在第191页上。

起初，朱莉只用到了三栏表格。由于自我形象非常负面，她很确信，自己不配接受朋友的邀请。她不得不在精神上付出很大的努力，并在内心的自责上加以操练（我们可以在"关键一"中看到），才明白过来，她的朋友邀请她，也许是因为想要再次见到她，而这就意味着朱莉本人一定有一些积极的方面。为帮助朱莉，我问她："照您看来，为什么您的朋友会邀请您？"这个简单的问题让朱莉终于找到了一些这次邀约的积极原因。因此，您也可以学着问自己这类问题："为什么这个人会邀请我？为什么我的丈夫会和我一起生活十五年？为什么她十年来一直是我的朋友？为什么别人会让我来负责管理这个协会？为什么我弟弟会经常打电话来问我的意见？"

‖ 普测调研法

我的病人中，有几位较为超前，去向其他人询问了对他们的看法。不过，只有当这些受访者与您关系非常亲密友好，您十分信任他/她，他/她也同意加入练习时，这个方法才会有效。如果受访者觉得很难开口说出您的优点和缺点，那么请您不要坚持。对受访者而言，这个练习也是有难度的，因此他/她与您都将从中获益。步骤如下：在开始之前，请再次拿出刚才画过的几幅关于优缺点、能力强弱项等方面的连续谱，将没有画过叉的原始版给受访者，让他们根据他们对您的认识画"×"。

朱莉的五栏表格

事件情景	情绪	自发思想	备选思想	情绪
描绘发生的事件：地点、事件、经过、同行人物	具体描述您的情绪及其激烈程度	具体描述事发当下您瞬间产生的想法	记录其他更具建设性的思想	重新评估您的情绪，将备选思想考虑在内

（续表）

事件情景	情绪	自发思想	备选思想	情绪
有个密友邀我参加她的朋友聚会	极为不安、心跳加速、心中憋闷 6/10	我没什么话好说的 我根本不适合给人做伴	我朋友给我打电话邀约，说明她还是喜欢我陪她的。我要问问她欣赏我什么，因为这样我就能更好地认识自己，也能知道其他人欣赏我什么特点	极为不安、心跳加速、心中憋闷 3/10

这个练习非常有趣。它将使您：

▸ 确认自己的弱点；

▸ 确认自己的长处；

▸ 了解别人看得到、您却忽略了的缺点；

▸ 了解您没有意识到、别人却很欣赏的优点；

▸ 与周围亲密的人深入地谈论核心要事；

▸ 明白无论情况如何，他人与您在您的优缺点上的观点是不同的。所以，总想以别人的观点来定义自我是没有丝毫意义的。总是有人欣赏您，也总是有人会批评您的行为。

成为《正面日报》的主编

您的自信缺失总是让您更看重与自己有关的消极评断,如下图中的天平所示。

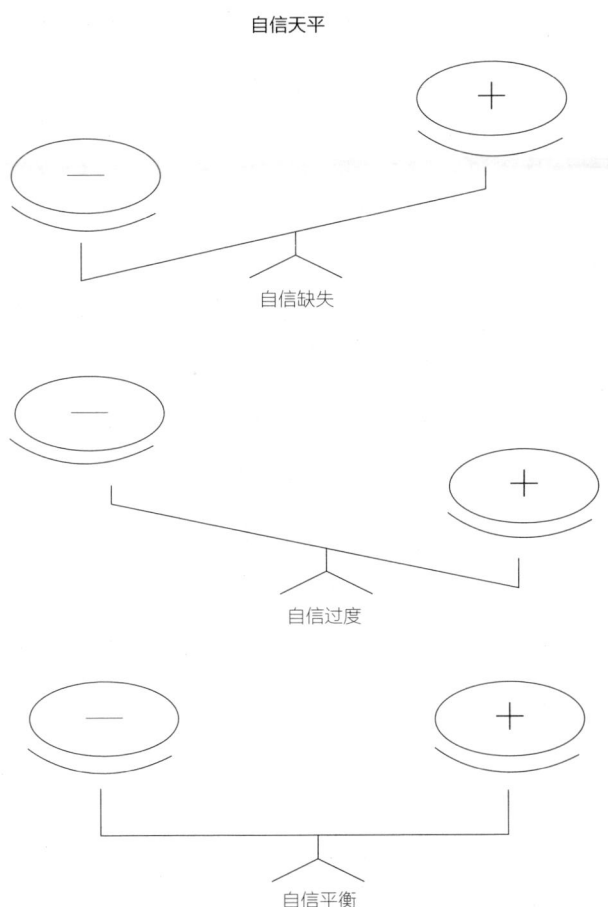

自信过度会使他人感到不适，您不必进入这个状态，但对您而言，努力寻求天平两端正负面的平衡非常重要，这样才能获得健康的自信。要达到这一点，您首先需要坚守代表正面内容的盘子。我建议您在一周内，每天至少记录下自己的一个积极行为，一个优点，一项能力或他人给您的一次积极回馈。每天晚上，请重读您这一天记下的内容。每到周末，请重读一遍这一周记录的内容。

在重读时，您会注意到自己的情绪：您情绪好吗？有没有自豪感？

起初，您也许会觉得有些尴尬：您可能会以为自己这么做非常自负。但请注意，这完全不是自负，因为您同时也记录下了您的错误、失败和负面情绪。天平是会保持平衡的。

现在您已经完成了对个人能力的清点。如今您对自己的潜力有了更深的了解，因此您已处在最理想的立场，随时可以开始用实际行动改变自己。但我很了解，我知道你们当中有许多人依然在犹豫！您在害怕……害怕失败。为了战胜最后的一丝犹豫，您需要评估一下改变可能带来的风险。

敢于面对，做出决定

从现在起，在种种障碍面前，您需要一套严谨的方案，共分五步：

- 做出一个决定；
- 定下可达成的合理目标；
- 评估风险；
- 发挥想象力；
- 不要拖延至明日！

做出决定
（解决问题的技巧）

自信缺失让您在面对生活中的各种决定时犹疑不已："我要不要搬家？我是住在城市还是住到乡村？我该买新的还是二手的电脑？我要不要回应这个主动接近我的男生？"以下助您做出决定的练习将非常有效。

32岁的拉谢尔前来为她的自信缺失咨询。她难以做出任何决定，尤其是现在，因为她刚刚得知，身为大公司职员的丈夫十二月就将被调往距离里昂一百多公里远的地方，而且那将正好是学年中。拉谢尔的两个孩子都还小。她心想，究竟是十二月初就跟着丈夫搬走呢，还是等学期末到了夏天的时候再搬走？不过她告诉我，其实一想到可能要独自在里昂照顾两个孩子六个月之久，就会觉得很可怕。她没有自信：她害怕无法在六个月里一个人照顾好孩子们，害怕"承担"不了此任。

与其用积极正面但没什么效果的安慰话对她说"拉谢尔，您可以的，一定能做到的"，不如让她自己来思考即将做出的决定。我请她分析一下各种解决方案。目前显然有两种方案：

▶ 方案1：十二月一到就与丈夫一起去格勒诺布尔（Grenoble，法国城市）；

▶ 方案2：留在里昂，直到下一年七月份。

随后，拉谢尔列了一张清单，列出这些方案会带来的所有利弊。她必须独立完成这一练习，不可受到丈夫的影响。

她的列表如下：

帮助拉谢尔做决定

方案1：十二月初即与丈夫一起前往格勒诺布尔；
方案2：独自与孩子留在里昂，直到下一年七月再迁往格勒诺布尔。

方案1		方案2	
利	弊	利	弊
一家人可以一直在一起（60分） 丈夫可以在身边帮助我（60分）	在学年中间就给孩子换学校（90分） 急着卖掉房子、急着搬家（60分）	孩子们可以安稳地完成学年（90分） 我可以有更多的时间慢慢处理搬家的事（80分）	我不确定自己是否能独自承担我在里昂的工作和照顾孩子的事情（60分） 每天会更加疲劳，因为孩子们晚上得在学校食堂和自习室等我去接他们（80分）
因为我已经不工作了，所以这样可以全时间照顾孩子（40分）	在当地迅速地找新的住处（60分） 贸然停止我的心理治疗（80分） 如果丈夫适应不了新的环境，我们就白白搬家了（90分） 在有限的时间内办理诸多行政手续（20分）	继续我的心理治疗（80分） 把现在住的房子修整一下以卖个好价钱（20分） 看看丈夫是否能适应新的环境（90分）	我没有车了（20分） 孩子每周三需要有人看着（20分）
总分：160	总分：400	总分：360	总分：180

拉谢尔为每个理由都打了分，分值区间为0分到100分。理由越是重要，分值就越高；反之，分值就越接近0分。然后她将每一栏的分数加起来，最后得出结论：在里昂多留六个月比急着搬走更为恰当。

在这个案例中，我们请到了拉谢尔的丈夫填写同样的列表，随后让他们一起做出一个共同的决定。如此，拉谢尔就了解到，她的丈夫与她的意见相同，并且从起初就是一样的。

▎六步助您更易做出决定

如果您有着本书第二部分第112页中分析的"成见五""我永远都做不了决定"，那么以下的例子就正好可以适用于您。也许，您与索尼娅一样，在做决定方面有不小的障碍："不管是买咖啡机、择业还是感情生活等方面，我从来都没法做决定……我会一直拖延下去，尽可能地避免下决定。"

为了帮助索尼娅更方便地做决定，我和她一起做了如下六个步骤：

第一步：以手写方式列一张清单，完整地写下所有需要做出的决定，无论它们的重要性或必要性如何，无论它们关于社交、私人生活还是职业，请全部写下来。

第二步：用0分到100分为每一个要做的决定的困难程度

打分,另外,再用0分到100分为一旦事与愿违,它们的后果的严重性(包括决定的可逆性、在您和他人身上可能产生的后果等)打分。请把两个分数相加,和索尼娅一样把所有的决定按照得分高低排序(如下表所示):

索尼娅的决定清单

	决定难度 0到100	后果严重性 0到100	总分
在带程序和不带程序的咖啡机里选择一种	60	5	65
在今夏度假的两个地点中择其一	70	15	85
决定是否要接受我的工作合同的修改	80	50	130
买一套更大的住处	90	70	160
和闺密马蒂娜绝交	100	90	190

第三步:挑出得分最低的决定,为它找到所有可能的解决办法。例如:办法1,买一台带程序的咖啡机;办法2,买一台不带程序的咖啡机;办法3,不买咖啡机……

第四步:找出第三步中每个方案的所有利弊,统计利与弊各自的数量(如拉谢尔关于搬家所做的统计)。

第五步:找出最容易达成的方案,即益处最多、弊端最少的那一条。

第六步:在做出选择后,付诸行动,随后以归纳性的角度,重新评估(如第二步中所述)该决定的两个分数(即决定的难度和后果的严重性)。您会发现,一旦您付出行动以后,总分就降低了。

若您有着很大的选择障碍,这六个步骤将非常有效。其中的第三步(选出最易做出的决定)可以不只应用在做决定时,也可在您的所有行动中都加以实行,尤其当您准备开始做一件新的事情时。

定下可达成的合理目标

当您缺乏自信时,您会倾向于制定过高的目标(我们称这一现象为"期望过高综合征")。只要您无法达到这些目标,您内心的无能感就会被进一步巩固。因此,您应当为自己定下可达成的合理目标,给自己成功的机会。

20岁的亚历克西娅是一名年轻的女大学生,她对自己的学习成绩永远都不满意。她的压力大到一定程度时,对她而言,她宁可直接交白卷走人,也不愿看到自己只得到一个中等的及格分数:"最糟糕的就是及格分!我必须得到我头脑中想好的那个分数!"

而当我与她讨论时,我发现,她"头脑中"预想的内容近乎癫狂。

亚历克西娅的目标如下:

- 获得国家博士后文凭;
- 成为最高端学府的教授;
- 选择自己想做的博士论文;
- 生四个孩子;
- 与伴侣过着幸福无比的生活;
- 在职业领域得到所有同事的认可;
- 成为父母的骄傲;
- 环游世界,包括那些最遥远的国家、最不同寻常的文化……

当然,我们都需要制定人生规划,这样才能取得进步,但亚历克西娅的问题在于,一旦她满足不了自己的所有期望,她很快就会陷入绝望。我提醒她,她的这些目标都是长期的,只能在几年之后看到结果。我建议她重新写下一些短期到中期目标，其中可以包括物质上的目标。

于是，亚历克西娅写下了第二份目标清单：

▶ 明年夏天参加攀岩；
▶ 考驾照；
▶ 从国外网购一本我很久以来一直想要的书；
▶ 下周给男朋友买个礼物；
▶ 给自己先制定第一个学习目标：成功考过这一学年的考试……

这一次，亚历克西娅就大有可能实现她的这些目标了！
请您和她一样，更现实具体一些。罗马不是一天建成的！

评估风险

当您做出决定，并制定了合理的目标时，在正式行动之前，我建议您对万一失败后将承担的风险进行评估。事实上，若您缺乏自信，那么您对失败的惧怕无疑是一个大问题，如下图所示：

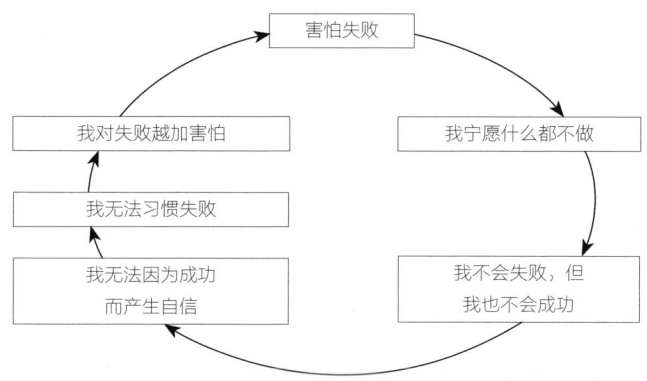

‖ 接种失败疫苗

疫苗是一种小剂量的药品，经接种人自愿而被注入机体之内，制造免疫功能；若日后沾上病毒的话，可抵御感染。心理学的原理是一样的。在面对一个又一个小的失败之后，您就会在某种程度上习惯于失败，从而得以面对某天可能降临在您身上的较大失败。

因此，我建议您有意地尝试一些小失败。在正式开始之前，请列出一张清单，写上下一周您将要做的所有事情，并用0分到100分为每件事若失败或做错后会导致的后果严重性打分。

让可能会遇到的错误或失败如下：

▶ 在学生面前说话时结结巴巴	如果做错/失败，后果的严重性：80
▶ 买房子时下错决策	如果做错/失败，后果的严重性：90
▶ 向吕塞特求婚	如果做错/失败，后果的严重性：100
▶ 买一台不怎么适合我使用的电脑	如果做错/失败，后果的严重性：50
▶ 购物时买错咖啡的牌子	如果做错/失败，后果的严重性：10
▶ 叫错新同事的名字	如果做错/失败，后果的严重性：20

对于让而言，可以有意尝试的失败显然更应该是买另一个牌子的咖啡，而不是一开始就去求婚！

事实上，除了上述情景以外，让还有许多可以主动尝试失败的场景，而他也在经历时发现，自己不会因此而完蛋：他给一条信息技术服务热线打了电话，询问了一些关于电脑驱动的问题。他在电话里故意显得什么都不懂的样子，为了看一看电话那头的人是否会以负面的言辞论断他。除此之外，他还特意输掉了一场双打网球小比赛，想了解一下他的搭档会不会因此而怪罪他。在一次家庭聚会中，他主动确认了一桩假消息，想知道家人是否和他想象的一样已经瞧不起他了。而事实是，他的兄弟们微笑着告诉他：别说傻话了，但他们完全没有下结论认为他一无是处……

失败是在我们的思想中的。**失败本身并不可怕，可怕的是面对失败的心态。**与此同时，您也非常有必要用更为建设性的眼光来直面您的成见，如下表所示：

面对失败的一些成见

面对失败，我的负面成见	面对失败，建设性的思想
他人不会原谅我的失败	我不会在所有事上尽都成功，尊重我的人都可以接纳这点
一次的失败就证明我糟糕透了	就算是最顶尖的优秀人物有时也会失败
失败了就再也挽回不了了，不可救药	有些失败有时是可以挽救的
工作中犯了一个错，就说明我是个差劲的员工	最重要的是减少差错，但也要把犯错的可能性考虑在内
失败都是毁灭性的	失败有时是建设性的

‖ 有益的失败

的确，从失败中，我们可以学到很多！说到底，一个只经历成功的人是无法取得真正的进步的。失败会教给您建设性的思考方式，指引您分析失败原因，并在有必要时改变您的行为，以便未来不再重复发生同样的失利。在这种情形下，失败是进步的源泉。若要增强自信，就要行动起来，迎接失败的风险。

此外，请您记得，您的失败可能是一件让他人安心的事。您有没有发现，有时当我们接受失败时，朋友们反而会松一口气？争强好胜的人难道不让人畏惧吗？他们在您身边难道不会有压力吗?

‖ 相对的失败

到目前为止,我们一直在谈论失败和成功。实际上,这个二分法的说法并不完全符合现实。我们大多数的行为都可以被视为相对的失败或相对的成功。我建议您再使用一次连续谱做一次自测,若有必要,也给他人做一次练习,对您的各种行为进行测评。请把每个行动放在如下的标尺上:

彻底的失败　　部分失败　　半失败　　部分成功　　完全的成功

所以,请您进一步细化对自己的评断。若这样还不够的话,请您——

发挥想象力

如果上述的方法不足以使您勇敢地付诸行动,那么您可以运用想象的技巧,预想将会发生的场景,并与朋友们做一次"预演"。若您还记得的话,在萨比娜一例中,我就使用了这样的方法,帮助她向上司提出加薪的要求:

"请想象一下,告诉我您觉得事情的场景会是如何。您在什么时候去谈话？在什么地方、用什么词句？"萨比娜沉思了一会儿后回答道："我最好还是去她的办公室和她单独谈话，也许要找一个她不那么忙的时间，如周五中午刚过的时候，那个时间通常是大家心情最好的时候，我到时可以和她一起喝杯咖啡，她会比较放松。也许我一开始可以聊聊这一周的总结，讲些积极的方面。我会告诉她这一年我完成的工作量，然后说到我上次加薪已经是很久以前了。接着，我就可以比较直接地向她提出加薪了。"说到这儿，萨比娜笑道，"嘿，我都已经能看到成功的样子啦！"

运用想象力进行预备是心理医生们经常使用的治疗技巧：它可以让您在事情真实地发生之前就实行您的行为企图，并在必要时提前把纰漏暴露出来。例如，如果萨比娜在与朋友预演这一场景时经常表达不顺，她就可以不断地修改、练习，直到感觉自如为止。

若纳唐也使用了这一技巧：他得把一盘有问题的录像带拿回店里换。他是个非常内向的人，一直不敢这么做。在我们的预想练习中，他预见了届时会发生的场景："也许我得避开周六下午，因为那时会有很多人，我会很害怕把它交给店员的，因为他会觉得不爽，我也可能会被其他顾客评头论足。我发现，周一下午人不怎么多。我会从橱窗外往里看看他是不是一个人。如果是的话，我就能进去，友好、直接地提出要换掉我买的那盘录像带。"

▍请不要停留在准备阶段！

上述所有的方法介绍与传授，可能会让人觉得准备阶段比行动阶段显得漫长许多。的确，自信严重缺失的人确实需要很长的准备过程，他们需要万事俱备，以避免在遇到严重失败时失去行动的能力。对于其他人而言，只需使用少数的技巧就足以做好准备。

无论如何，请注意，在行动开始前，您并不需要把所有的准备工作全都完成一遍。现在，是时候付诸行动了：在最初的行动之后，您可以再重做一些之前的练习，判断一下您的目标是否合理。这是一套思考与行动互相配合穿插，可以长期持续下去的渐进模式。

总结

▶ 作初次预备；

▶ 行动；

▶ 第二次预备；

▶ 第二次行动；

▶ 再次预备；

▶ 再次行动……周而复始。

有些人总是想要把事情拖延到第二天！关于这一情况，若您深受"成见五：'我永远都做不了决定'""成见一：'我做不到……'"或"成见三：'我一无是处'"的困扰，那么以下的这套反拖延法将对您尤为适用。

正如您在"成见五"中读到的那样，长期犹豫不决其实也是一种决定，是"不行动"的决定。为了不要拖延至第二天，我向您推荐七条反拖延法则。

不要拖延至明日

以下七条法则将助您不再拖延：

▶ 法则1：不要等到动机成熟时再行动

只有当尝到了美食的滋味后，您才会知道自己是否喜欢。若您缺乏自信，或有一点抑郁，那么您不一定会产生主动性。请记得，在付出真实的行动后，以及当某些行动带来成功时，动机就会自然出现。

▶ 法则2：明确认识拖延将导致的破坏性后果

首先，请揭开阻碍您行动的消极思想。例如，若您必须要整理车库，您可能会产生如下消极思想："实在是太乱了，这得花很大工夫才行""我必须要精神饱满才能动手""为了整理好，我要请三天的假""干这个真没意思""我会很累的"等。

随后，请使用列出利弊清单的方法。画一张表格，左侧是拖延的好处，右侧则是拖延的坏处。如果利多于弊，那么就最好先关注别的事情。如果拖延车库的整理会带来更多的坏处，那就说明您尽快整理是有益处的。接着，请遵守其他法则。

▶ 法则3：为行动辩护

这里的技巧在于，您可以和一个朋友一起进行角色扮演：朋友为拖延辩护，而您则为行动的执行辩护。

朋友（拖延症的"辩护律师"）：车库里要干的活实在是太多了。你就不要整理啦！

您（行动的"辩护律师"）：没错，但不整理的坏处多于整理的坏处。今晚我就可以开始一点点整理了！

朋友：没什么用的。反正你也没什么时间多干些什么。

您：也许是这样，但我今晚先花十五分钟，有朝一日总能做好的。要知道，就算是再高的山，一步一步攀登，就一定能爬到顶端。

朋友：话是这么说，可是到顶的时候就累瘫了啊！

您：可能会吧，但我已经有计划了。今晚我先整理十五分钟，然后我会看看情况。如果我觉得效果够让我满意的话，我明天就继续下去。

▶ 法则4：制定行动计划

列出所有需要实行的行动，按照难度进行排列。从最容易的开始着手，并在时间表上作好安排，看看什么时候行动不会打扰别人。最好将行动安排在喜欢且让自己感到轻松的活动之前。

▶ 法则5：按步骤渐渐实行

小小的成果有时会带来大的收获。据称，最积极主动的人会使用这一技巧，将完成一件事所需的时间分解成以十五分钟为单位的多个时段，并在每个行动的时段都尽力使自己满足。山里人有一条著名的建议：当您突然感到乏力，却仍需两小时才能徒步走到营地，那么您最好低头看您的脚，而不要看还有多远的路。在此，我给您两种建议：您可以把所需时间进行分割，如每天花十五分钟整理车库；您也可以把要做的事情分成细小的部分。一位学生若在一场考试前有一个月的复习时间，那么他就应该看看自己在第一天的白天需要复习些什么，然后把这个白天分成四段，每段一小时，再看看第一个小时复习些什么。在第一个小时结束时，他需要停下来总结一下自己在这个小时里的复习成果。

▶ 法则6：在每个行动之前及之后对该行动进行两方面评估：一方面评估其难度，另一方面评估您的满足程度

请记得在付出行动之后评估一下该行动实际的难度和您实际的满足度。

▶ 法则7：包容自己

为您已经做的事情感到自豪，并接受自己一时间不能全部达成目标的事实。

事项	预计难度（0到100）	预计满足程度（0到100）	实际难度（0到100）	实际满足程度（0到100）
花十五分钟整理车库	70	5	40	50
花一小时复习功课	60	30	40	60

自信行动之诀窍

小行动？大行动？

从埃及的金字塔到西方的大教堂，无一不是历经几世纪才建造起来的。一部两小时的电影，有时需要几个月才能拍摄而成。那么，您是否可能在一夜之间就变得自信满满？当然不可能，但您可以将它设定为一个长期的目标。为了达到这个目标，就要付出数以百计的小行动。当这些成功的小行动渐渐累积起来，尤其当您从中获得满足感时，您就会一步一步收获自信。

初始行动的选择标准

- 难度应在可接受的范围之内（最多20分）；
- 该行动可以在决定后的第二天就被实行；
- 选择您所喜欢且擅长的领域开始行动，如体育、修理家用、工作、陪伴他人等；
- 选择一个亲近且友善的人帮助您；
- 选择可轻易重复的行动。

请您选择自己所擅长的领域。我们每个人，包括自信最为缺乏的朋友，都有各自的强项或过人之处：可能是在语言的表达上（在缺乏自信者中较罕见），也可能是在热心助人、款待他人、微笑、烹饪手艺、钓鱼、填字游戏等方面。若您仔细倾听周围的声音，您就会听到："啊，皮埃尔，他可熟悉法国历史啦，怎么都问不倒！""阿蒂尔，他在修理上特别厉害，无人能及！哪天要是你有什么不会弄的，就去问问他吧！""你要是想放松放松，就可以和路易一起去山间的小溪那儿钓鱼！""你的车出了问题？快去问问让－皮埃尔！他一个人就能拆装引擎！""你想装修客厅？可以咨询马蒂娜哦，她的品位相当出众！"

所以，请去向周围的朋友询问一下，寻找您擅长的领域吧！

不要把所有的鸡蛋放在一个篮子里

请您注意，不要只在您的专长上付出行动，也要学习在不太在行的方面主动增强自信。

17岁的马蒂厄是所在大区的网球冠军。他是毫无争议的第一，但他在全国范围仅排名第十二位。法国的国家级教练告诉他，他永远别想打国际比赛。颓丧至极的他来到了我的诊所，说："我把一切都献给了网球，连和朋友、家人相处的时间都没有……很小的时候我就开始边训练边读书了。我的朋友全都是网球界的。去年,我的肩膀受伤了,整整住院一个月。我视为父亲一般的教练居然一次都没来看过我。他转身就训练邦雅曼去了。邦雅曼没受过伤,我的教练决定让他去打国际巡回赛。真是个混蛋!医生啊,他背叛了我!"

这件事非常严重。马蒂厄陷入了重度忧郁,他甚至想要结束生命。

当然,我们当中的大多数人的情况尚不至于此。但马蒂厄的例子说明,确实存在这样一种风险,也就是将自信单单建立在某一个领域。事实上,您的坚强完全取决于在这一个领域内的成就。一旦出现问题,您就极有可能崩溃,尤其当您置身于体育、音乐(我曾遇到过与马蒂厄陷入类似困境的音乐演奏家)、政治、演艺圈等竞争性极强的领域时。由于您不能完全掌握自己的命运,您只能将自信交付于他人的期望中。对于运动员而言,只有获得成功的那几位能出现在电视机镜头前。多少体操运动员因脊柱骨折而终身瘫痪?当然,我的本意并非让您放弃运动员或艺术家生涯。如果您执意要选择这条道路,那么,请您为自己留好后路,在这一个领域之外找到可以依靠的支撑点。最伟大、生活最为平稳的运动员都会时常回到家庭当中，与他们儿时的朋友保持联系，在学业上有所追求，随后才在运动方面加以提高……

成就一词的概念应当与乐趣的概念相联。鲍里斯·贝克尔（Boris Becker）和比约恩·博格（Bjorn Borg）这两位网球天才曾不约而同地承认，在他们的职业生涯中，都有一个时刻让他们不想再继续碰网球了，因为原本钟爱并取得了耀眼成绩的运动，已经成了让人厌恶透顶的一件事。正因如此，若您将行动建立在乐趣而非成就之上，您就不会如此失望。

现在，我将为您介绍一系列适用于所有人的"窍门"，可以让您看上去很有自信。您向他人呈现的外表对您的自我形象有着很重要的作用，虽然它并不能代表全部。

精心经营您的外表

请注意，外表只是自信的某个附带表征而已，有些人就算打扮得很糟糕，却仍非常有自信。也就是说，以下的窍门目的是为了让您在关注自信提升的同时经营您的外表。

阿梅莉来到诊所后坐下，低着头，眼睛盯着地面。她的声音小到听不清，发出的都是单音调，整个人蜷缩在椅子上。

过后，我走出诊所，看到三位警察正在检查驾驶执照。警察们身着剪裁得体的藏青色警服，行动自如、腰背挺直、抬头挺胸，每一个伸手拦车的姿势都是那样的轻松舒展。

在您看来，阿梅莉和警察们从外表上看是否表现出同样的自信水平呢？

的确，我们不能以貌取人！但您的外表在他人眼中扮演着很重要的角色，也因此影响着您的自信。若您在自信的外表之下产生了内心的消极或退让反应，谁都不会看出来。

那么，自信有哪些外部表现元素呢？

▸ 非语言元素，包括眼神接触、面部表情、仪态及身体动态；
▸ 类语言元素，即声音及其各种特质。

自信的外部表现迹象

	缺乏自信	自信健康	过度自信
眼神接触	躲闪的	直接的	定睛凝视
面部表情	面无表情	表情丰富	紧张
身体姿态	蜷缩状	放松	紧绷、僵直，下巴向前高抬
身体动态	鲜少	放松舒展	跳跃不稳
声音强度	低声	与环境相称	高声，甚至刺耳
声调变化	单声调	声调丰富	不时有爆破音
话语多少	极少	与对话者相同	远远多于对话者

若您在姿态或身体动态上天生有些不协调，我建议您可以借助镜子和摄影机来纠正姿势，拥有自信的仪态。

操练镇定的说话声音

若您的声音有些缺陷，我建议您可以使用录音机进行操练。您说话的声音太轻？请找一篇长十行左右的文字，第一次用正常的声音朗读，然后按停止键。第二次，请用两倍大的声音朗读，再停止。第三次，再用两倍于刚才的声音更大声地朗读，可以喊叫。倒转录音带，把三遍录音都听一次，然后给别人听。您会发现，就算您以为您在尖叫，实际上您的声音仍属正常音量；而当您以为您在用正常音量说话时，您的声音其实已小到无法听清。

‖ 穿着是否对自信有所影响？

不少行业都希望用制服来为业内人士增强自信，甚至借此变得引人瞩目。警察和军人行业便是如此。

若您缺乏自信，有可能原因之一在于您过去不曾明白如何用穿着显露自己的价值。所以，请您询问穿着令您欣赏的朋友的建议，让他/她做您的购衣参谋。这一技巧被心理学家们称为"榜样模仿"（model imitation）。回到家中，您可以询问配偶或周围朋友的意见。对于青少年来说，穿着会成为真正的认可标志，这就是他们口中常说的look（范儿）。在他们中间，有滑板范儿、潮范儿、颓废范儿，但有些女孩出于嫉妒，也会说别的女孩是"风尘范儿"或"娼妓范儿"。在这个年纪，并不是所有人都是友善的！青少年甚至会以某个人的范儿来评断某个人的价值，用第一印象给对方下定义："你看那个人蠢到家了，他的球鞋都不是耐克（Nike）的！"当然，在进一步接触之后，他们会忽略最初的第一印象……

青少年与他们的范儿

若您的孩子正处青春期，请不要让他们穿兄长或姐姐的衣服，因为他们会因此陷入衣着羞耻感中。我的好几位成年患者都对初中时期有着深刻的负面记忆："我成了朋友们的笑柄！他们问我是不是爸妈缺钱。而我总是觉得妈妈更爱我姐，因为她给她买新衣服，但不给我买。"瓦伦丁的尴尬则持续到现在。28岁的她，穿衣风格"时而像女乞丐，时而像女暴发户"。她在外貌上始终缺乏自信。

‖ 体重与自信

周六，埃洛迪在镜子前站了好几个小时，就是出不了门。

没有一件衣服是能穿的！她要么觉得自己看上去太胖，要么就觉得穿得太平庸。这些准备工作造成了她的极度不安，造成了她非常糟糕的自我形象。我的患者中，有好几位都因体型而深受自信缺失之苦：他们不喜欢、有的甚至憎恨自己的身体。其中有几位确实有体重超标的问题，自信全无。若您也是如此，那么我建议您采取以下措施：

▶ 假使您确实体重超标，那么您可以努力减肥：请先进行体脂含量测试（测试方法：体重／身高^2），如果结果高于25，您就是超重；如果高于30，就属于肥胖。若您的情况为肥胖，请您遵循医嘱，合理减肥。请勿轻易尝试来路不明的减肥方法。减肥的过程应循序渐进，同时辅以心理支持。前来咨询的大部分患者都并非真正肥胖，而是觉得自己肥胖，可他们的体脂含量却是正常的。这种肥胖的自我印象因现代文化对苗条身材的追捧而被进一步加深。

▶ 转移焦点，注意您外形上除了体重以外的其他部分。您在外表上是否有特别之处？例如，美丽的双眼、迷人的笑容、举手投足间的韵味……请您也观察一下您的整体特质：您是不是一个随和亲切、大度包容、诚实守信的人？您是否工作努力、值得信赖?

▶ 吸引力不一定在于美貌。我本人认识一些很有才干的人。不得不说,他们很有吸引力,始终保持微笑,妆容精致,发型得体。这些人当中有一位是服装设计师,专为成功女性设计服装。我非常有幸能在日常生活中成为她的朋友,而她有着非常出色的交际能力。这位女子从未让我觉察出有丝毫不自信的迹象,处处都透露着自信的气质。最重要的是,您得在内心舒适自如。改变那些能够改变的东西,但请勿过度改变。请记得,问题的核心在于您对自己的看法。也请特别注意,不要使用不恰当的减肥方法,使体重骤降。您也应当避免在处理自信问题之前就接受整形手术。

金钱是否能使人自信?

在我们的日常生活中,我们有许多提升自信的机会,因为消费至上的社会迫使我们必须要有自信。举一个很好的例子:某家法国大公司的口号便是:"你值得拥有!"由此,您便可以通过购买的洗发水、服饰或汽车增加自己的价值。您也可以秀出自己购买的物品,引起别人的羡慕。您还可以坚信,一个人的价值与他一生中赚得的钱财有着密切的关联,甚至可以用百分比计算。

所有的这些行为都可以在某些时刻临时给予我们一定程度的自信,但它们也可能成为陷阱,使我们必须依靠它们的存在才能知晓自己价值几何。您仅可暂时地享受它们,过把瘾;但千万不要依赖它们,也不要把它们作为唯一的支撑。在您的周围,一定有这样的一些人:我称他们为人生哲学家。他们虽然物质并不丰裕,却无时无刻不在幸福中徜徉。

‖ 非常态的外形特征

有些人在身体上有一些可见的非常现象或畸形,例如化疗后秃头的人,或接受过乳房切除术的女性,抑或天生矮个儿的侏儒。

所有身陷这些情况(此外还可举出其他例子)的人们都受困于无法隐藏的难处。这些难处可能直接导致您的自信缺失,尤其当您专注于它时:不幸纠缠着您,紧紧地抓住您所有的注意力,弃您的人格于不顾。就像贝洛(Perrault)童话中著名的奇丑人物里奇王子(Riquet à la Houpe)一样,您很可能再也看不到自己的其他优点了。这样的情况可能影响颇深,甚至在某些无法忍受自己外貌的人当中引发抑郁症,与社会脱离。这时,有两种介入方式可以起到作用:

心理介入

此乃必不可少的介入方式,且应至少先于手术介入,从而排除心理障碍。心理障碍的表征主要体现在身体上。

心理介入有助于您在身体有缺陷的情况下可以正常生活。当缺陷无法通过手术治愈时,心理介入尤为重要。心理介入主要涉及以下几方面:

▸ 去焦点化以及减少对于身体缺陷的关注时间和精神及金钱付出。

▸ 对身体进行背景重塑,使残障的特性恢复到其本来位置,并把您的目光转向身体的其他方面,尤其是您更易接受的方面。

▸ 对您的其他优势加以关注。您有哪些交际与学识上的优点?请在这些方面投入您大部分的时间、思想和精神及金钱付出。

▸ 自发促进与他人的关系。请勿试图掩盖您的身体缺陷,自然地展现本样。您并不等同于您的身体缺陷,而是一个有着身体缺陷的完整的人。如果您善于倾听,请继续专注地倾听朋友们的叙述,他们需要对您倾心吐意。

▸ 请不要在结识他人以前就预想对方对您的看法。先与他人进行接触，当你们之间建立联系后，再加以核实，对方究竟是通过您的身体缺陷看待您这个人，还是通过您的其他特质看待您。

▶ 简言之，请正常地生活，与您的身体缺陷融洽地相处，也请不要以它为重。如此，您就能更容易地忘记缺陷。

若您的状况非常孤立，请您联系心理医生，也请联络患者协会。许多疾病的患者都会因相同的病痛相聚、分享，无论是糖尿病、恐惧症、还是侏儒症、白化病。这些患者协会聚集了许多和您承受相同病痛的朋友们。您在其中会有安全感，并且也能得到有用的建议与资讯。这些协会也会时常安排一些分享会，消除您内心的负罪感，使您不再感到孤立。在这些协会中，您还会结识许多与病痛和谐共处的人们。我曾参加过一个侏儒症协会的聚会。参加者们都有着身高过矮的问题，当天还进行了辩论。其中的一些人生活得非常自如，并不觉得需要进行腿部拉长手术。其他人则接受了颇为沉重、痛苦的治疗。这一场辩论给我留下了深刻的印象。我想，意见不同的双方一定都有所成长。

手术介入

手术介入在起到拯救性作用时具有极为重要的意义。我曾结识了许多位病人，他们的人生在经过手术后被彻底扭转。不过，请注意，每件事例都有其独特性，且依我所见，整形手术的手术意见必须经三方共同讨论后成立，即患者（您）、外科医生和心理医生。作为心理医生，我不能干涉外科手术的医术层面，且就这一层面而言，手术会依照您的病痛有许多种不同的形式。有些可通过手术改善的身体缺陷会对您产生很大的帮助，如鼻部矫正、假牙等。

请慎重考虑手术介入的重大程度、产生并发症的风险，以及您所期待的效果。请与您的主刀医生多加讨论手术的利与弊。成功的手术必然是建立在透彻的理解与完全的接受之上的。

请勿忘记，在做最终决定之前，还是要咨询一下心理医生。若您尚未咨询，请尽快找一位心理医生。在大多数情况下，外科医生都会要求您这样做。请一定要记得，手术是不可逆的。因此，手术的介入，值得您以格外的谨慎与耐心去对待。

假想缺陷：变形恐惧症与社交恐惧症

患有变形恐惧症的人会荒唐地看待自己实际并不具有的身体畸

形。这一病症需要心理上的特殊治疗。

一些患社交恐惧症的人虽不会荒唐地幻想，但是他们会极度夸大自己身体上的缺点，有的缺点事实上几乎都看不出。他们只看得到自己的缺陷，也认为他人只看得到这些。

我有一位患者已停学三年之久。他一直深信，同学和老师们只看得见他那"肥大畸形的鼻子"。他成天躲在家里，远程上学，没有任何的社交接触。他同时也确信，没有任何一个女生会看上他。他甚至找到了一位整形外科医生，想要重塑脸的上半部分。这将是个重大的手术，很有可能会产生严重的并发症，因此，外科医生认为有必要在术前征询心理医生的意见。这位外科医生的顾虑很有道理。而这位病人在接受了心理治疗后，恢复了心理健康，放弃了整形的念头。

发型与妆容

心理医生们有一条心照不宣的标准：当一位女子打扮得体、美发后来到诊所咨询，那就意味着她的抑郁症正在改善。

精致的妆容会为您吸引不少正面的目光，从而增加您的自信。

您对身材和外貌的关注并非完全流于表面。请坦诚面对。况且，如今这一领域的产业正欣欣向荣：美容师、形象设计师广受欢迎。如果您周围的朋友帮不上忙,那么您尽可找这些专业的人来帮助您。我在好几次咨询中都建议女性患者们与闺密一起重新置办新衣、做个新发型、化化妆。一般来说,这对她们而言都有着积极的效果,并且她们的朋友都很乐意效劳。不过,就像其他方法一样,没有一种自信提升技巧是完美的,我们都应避免过度强调某种技巧。事实上,如果您成天只顾自己的外表,那么您也许的确增加了自信,但您增加的是有条件的自信。

自信的外在显露主要会在您的有条件自信上起作用。请注意,您的无条件自信也同样应该被提升。正因如此,我建议您也要在自信的亲身体验上进行操练。

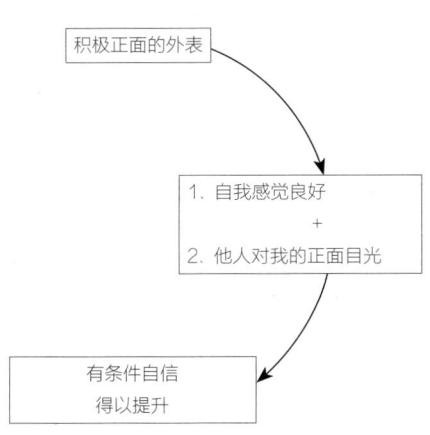

自信之外在显露的意义

内在亲历的自信体验

‖ 体感舒适

如果您要提升自信，让自己的全身感到舒适是非常重要的。为了达到这一目标，我推荐您进行一系列的操练。

缓慢的腹式呼吸

这个方法很简单。您只需在呼气时主动收缩腹肌，如同一个瘪了的气球，然后在吸气时放松腹肌，让腹部自动扩张隆起。

这种呼吸方式用到的是腹部，不需用到胸部。您只需在一天中抽出三至四次，每次一分钟，练习边收缩腹肌边呼气，随后增加至五到六次，缓慢并有规律地操练。你可以在电视机前、车上，甚至卫生间里练习这种呼吸方式。这一方法非常实用，可以在您参加会议或赴重要约会前助您提升自信。

迷你版全身放松

这一操练接续之前的腹式呼吸。请您坐好，重复一次腹式呼吸。请选择有扶手的座椅，或将您的小臂轻轻放在大腿上。用您的腹部缓缓呼吸，闭上双眼，放松您的手臂、肩膀与下颌（不要咬牙，放松牙齿）。

自由放松

放松的各式方法此处不一一细说，我要推荐的是一种简单的放松法，名叫雅各布森（Jacobson）肌肉放松法。它的原理在于循序渐进地紧缩、放松身体上各部位的肌肉：

▶ 请平躺于地面或坐在椅子上，闭上双眼，置身于安静的环境中。请事先关闭手机，让他人勿要打扰；

▶ 紧握右拳，默数至4，随后边呼气边松开拳头，在松开的同时，请细细体验手上肌肉的放松；

▶ 再做一次，默数至4，然后放松肌肉；

▶ 接着，收紧您的右侧二头肌，重复与右拳同样的收放过程；

▶ 接下来，您要按照相同步骤收放的肌肉依次是：左拳，左侧二头肌，前额肌肉（抬高眉毛），眼皮（紧闭双眼），下颌（紧紧咬牙，随后打开两颊），颈部（将下巴向胸骨收紧），肩膀（耸肩至耳朵下方），背部（双臂肘关节在背后触碰），右大腿（右脚用力踩地），小腿肚（脚尖向前绷直后前踢，如加速跑一般）；

▶ 左腿、左脚重复右腿和右脚的动作；

▶ 安静几分钟，完全放松，享受舒适的状态，同时逐步、缓慢地脱离放松状态；

▶ 睁开双眼,逐步倾听外界的噪声,按照您自己的愿望伸展肌肉。

这段放松时间可以让您释放所有的肌肉张力。每天,整个过程只需二十分钟,但请连续操练十至十五天,以达到最佳效果。您可以在操练的同时播放令您感到舒适的背景音乐(如海浪声、滴水声、蝉鸣声等)。这些音乐皆可在音像店购得。

面部按摩

这一方法非常简单,只需伸开五指,用双手按摩面部,从头顶往下直到下巴。

身体拉伸

此处不作细说,您可以参考相关的优秀读物[1]。身体的拉伸对排解整天工作后的压力非常有效。

‖ 大脑休整

支持认知学说的专家们曾使用"关键一"中的精神调整

---

[1] B.安德森(B. Anderson),《拉伸运动》(*Le Stretching*),Solar出版社,1983年。

技巧。他们建议用一种名为"禅思训练"（mindfulness training）的技巧作为辅助。

原则：与其努力驱赶消极思想、力求改变，不如接受它们，并让它们如空中浮云般如飞而去。

步骤：请坐好，闭眼，进行缓慢的腹式呼吸。让干扰性的思想自由进入、自由显露。不要刻意驱赶它们，继续将注意力集中在您的呼吸上。把自由到来的消极思想想象成来到您家中的旅客，迎接它，由它停留片时。旅客将起身离开，请您由它在想走的时候独自离去。

另一种有效的比喻是将这些消极思想想象成空中的浮云。我们可以注视它们一段时间，让它们自由地消散，不需特地做出驱赶的行动。

‖ 感官调适

西尔维是个很容易有压力的人。她成天都在奔忙，称自己完全没法享受生活。

我向她推荐这样的练习：

每天，抽出两次时间，每次一分钟，问问自己："我在周围看到了什么？我听到了些什么？闻到了什么？当我行走时，脚下的地面踩上去是什么感觉？"让这些您感知到的讯息自由地进入您的头脑中，与它们亲密接触。您是否感受到了宁静?是否听到近处和远处的声音?您眼中所见的是否悦目?您的身体中有什么令您舒适的感觉?

这一每天两次的简单练习使西尔维有效减少了压力带来的破坏性影响。

‖ 情绪整理

我向来坚信,当我们学会管理情绪时,我们就能成为自己美好生活的主人。

现代生物学带给了我们许多关乎情绪的有趣信息[1]。我们可以这样概括:每个人都有六种基本情绪:

- 喜悦;
- 悲伤;
- 惊奇;
- 恐惧;
- 厌恶;
- 愤怒。

---

[1] 推荐阅读:M. 让纳罗(Jeannerod),《神秘的大脑》(*Le Cerveau intime*),Odile Jacob 出版社,2002年;A. 达马西奥(Damasio),《笛卡尔的错误》(*L'Erreur de Descartes*),Odile Jacob出版社,1995年出版,"Poches Odile Jacob"系列2001年再版。

这些情绪的存在主要依赖于大脑的边缘系统，也就是位于大脑皮层下的某个区域。这一区域对意愿的控制——也就是人的思想并不敏感。我们的基本情绪是与生俱来的，也是自发、自主的。可以说，它们属于思想与智慧无能为力的动物性范畴。在这一范畴里，本书前文中的"关键一"毫无用处。我们将在后文中学习如何管理这些基本情绪。

除此之外，每个人也都有第二类情绪，我们可以称之为次级情绪，如负罪感、羞耻感、伤感……它们受大脑皮层控制，因而取决于您的意愿和思想。它们也是您在生活的经历中逐步获得的，带有逻辑性，有时可能会持续很久，我们也可以随自己的意愿增强或减弱它们。若在这些次级情绪上应用本书的"关键一"，将获得非常明显的效果。

心理医生们已经为患者们找到了一些应对基本情绪的治疗方法。以恐惧为例：恐惧有可能会导致一个人完全失去行动力，使他不断回避越来越多的生活场景，由此便形成了各种形式的恐惧症。

管理基本情绪主要有两大有效方法：

‖ 延长曝光法

如下图所示，当您面对一个让您恐惧的情形时（比如公开

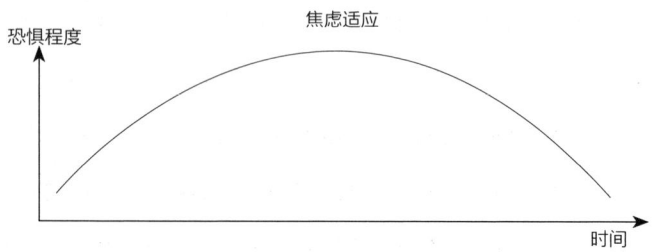

发言),您的恐惧程度会首先上升到顶点,随后渐渐减弱。如果您逗留在您正在面对的、使您感到恐惧的情境中,您一定会经历一些不适的阶段,但是,坚持过后,您便能够安稳地、逐渐放松地置身其中。这一原则被称为"焦虑适应"(anxiety habituation)。您只需要做一件事:不再逃避让您恐惧的处境。这一方法在恐惧症的治疗中被广泛运用,患者得以从中学会安稳地置身于令他们恐惧的情境。

‖ 降低您的敏感度

这是第二个方法,也许更容易做到。这一方法的本质是让您通过诸如释放疗法等方式得以放松,随后渐进地面对让您恐惧的处境,而非直接把您放在处境之中。

只要有两个人以上在现场,亚历山大就非常害怕发言。他前来接受心理治疗的目的就是能够在公司每月的三部门集中会议上自如地回答别人的提问。他对这个处境可谓恐惧至极，把自己的焦虑程度评估为80分。我和他一起列了一张清单，上面写下了各式各样需要发言的场景，按最放松的到最令人恐慌的排列：

▶ 与另两位人品不错的同事一起发言：恐慌程度30分；
▶ 每周五例会上面对五位同事和我的直接上司发言：恐慌程度50分；
▶ 在当月会议上面对三位部门经理发言并回答问题：恐慌程度80分。

我建议亚历山大从第一个场景，即与另两位同事一起发言、恐慌程度30分的场景入手。我们首先一起想象发言的情景，用角色扮演的方式看看他会说什么，同事们会怎样回答。在使亚历山大放松下来、舒缓他的情绪后，我们重复了多次情景的演绎。接着，他找到了一名同事帮助他练习，同时持续地保持腹式呼吸，以减缓恐慌。最后，直到他的焦虑明显减轻时，他才和另两名同事一起前去发言。

事后，亚历山大用同样的方法对第二个场景进行了练习，即在每周五的例会上面对五位同事和他的直接上司发言。首先，他在放松、减轻焦虑之后，与我一起对情景做了想象和操练，随后与一个朋友一同操练。当他感觉好一些时，他便在周五的会议上发了言。最终，他在第三个场景中也成功地做了发言（即在当月会议上回答参会者的问题）。

需要注意的是，您付出的努力应当是循序渐进的：您需要面对自己惧怕的事情，但须以柔和的方式，不要使自己陷入困境。如此，您便能够学会控制自己的焦虑。此外，不断重复行动能够让您自信地面对接下来的情形。在对三人会议的发言进行操练后，亚历山大在周五的例会上轻松了许多。

好！学会了前两个关键，您已经跑完了一大段征程。最后，第三个关键将使您的努力成果得到进一步巩固，让您更加自信。您将学习如何在自我肯定中改善、加深您与他人的关系。

关键三：
在交际中做自己

您的自信缺失亦可能归因于您在与他人交往时缺乏自我肯

定。您从不表达您的需求、您的不满，从不敢说"不"，从不知如何在被侵犯时保护自己，也从不显露自己的价值……这一切都降低着您个人能力带给您的自信。

本章中向您介绍的自我肯定技巧是我上一本书的主题。如果您想要了解更多更详细的相关信息，可以参考该书[1]。

敢于表达
您的需求与愿望

无论是请人帮助，或是寻求合法权益，您从来不敢表达自己的需求，害怕提出要求。日积月累，这种情形让您甚是烦心，您的自信也大受影响。

如果您不为自己求任何事，那么就意味着您并不是重要的人物。由此，您的需求和愿望就不会得到他人的重视。

但若您表达了出来，那么就表示您在这里、您的存在是不容忽视的，并且您是一个完整的、有需求和愿望的人。在说出要求时，您会为自己迈出的这一步自豪，也会为之后获得所求

---

[1] 弗雷德里克·方热（Frédéric Fanget），《做自己！如何更好地与他人共处》（*Affirmez-vous! Pour mieux vivre avec les autres*），Odile Jacob出版社，"自助指导"（"Guide pour s'aider soi-même"）系列，2000年初版，2002年再版。

的而自豪。您的自信就会得到提升。

为了更好地表达您的需求,我建议您遵照如下的步骤:

- 第一步,驱除您的消极思想,用建设性的想法来替代;
- 第二步,勾画您至今未曾表达的需求和愿望;
- 第三步,准备行动;
- 第四步,勇敢表达您的需求。

第一步:驱除您的消极思想

如下表所示,某些思想会阻碍您的表达。请将它们驱除,并用更具建设性的想法来抗衡!

阻碍需求表达的思想	有助于表达需求的思想
这是哗众取宠	我有我的权利,表达权利是正常的事情
我会打扰别人的	我会先问是否会打扰他/她
别人会猜测我的需要	我对自己的需要最清楚,当然是我来表达
问了也没有用,肯定会被拒绝的	如果我提出的话,我不一定会得到。对方的确有权利说不,我也没法猜到对方的态度。不管怎样,就算我得不到,我也很高兴能问出来

第二步：勾画您的主要需求

有五大类需求和愿望是应该被表达出来的：

▶ 寻求支持。您可能是向配偶寻求对您职业上困难时期的支持，也可能是请求朋友与情绪低落的您一起出去散心。您还可以向社会求助，去参加集体活动、体育运动、娱乐消遣、节日庆典等。这些活动可以让您认识更多的人，不至于使您陷入孤立。

▶ 请求别人做某事，向人咨询信息等。例如，向闺密请求帮忙照看一小时您的孩子，拜托邻居在您外出时接收一个包裹，让某个排队时与您并排的人站回您的身后……

▶ 询问或核实他人的想法。当您对对方的立场存有疑问时，您需要去证实一番。例如，莫妮克不知闺密是否同意每周三陪她慢跑："我有点儿不确定。周三我拉着你一起跑步，是因为我很喜欢做这个。但我不知道你是为了让我开心才同意的，还是真的也想一起去？你的想法是什么呢？"

▶ 坦露自我。即向另一个人暴露您的一部分隐秘情况。这对于天性内向的人而言很难做到。然而，这可谓是最基本的一点，可以让您学习成为更真实的人，也让您的弱点变得透明，无须遮掩。例如："我是个挺内向的人。如果你能替我订一下位子的话,我会很感激的。"

▸ 要求改变。即要求他人改变一些打扰您的习惯,如他们的迟到、喧哗等。我们将在第244页的"大胆说出您的不悦!"中具体谈到这点。

第三步:准备行动

请列一张清单,写上您在生活各个方面的需求和愿望。按照实现的难度排序。让我们以诺埃米的清单为例:

诺埃米的需求与愿望清单

实现难度	对我而言重要的需求和愿望
20	请我的朋友雅克利娜把我三个月前借她的书还给我(请求别人做某事)
40	询问莫妮克音乐会不会打扰她,因为我们在同一个房间里工作(询问他人的想法)
60	问米谢勒,如果她丈夫同意的话,她能否和我一起去逛街(寻求支持)
95	告诉三个闺密我有当众发言的障碍,坦白我内向的性格和口头表达的困难(坦露自我)

在诺埃米一例中,寻求支持和坦露自我是最难做到的。询问他人的想法看似更为简单。请您现在列出您自己的清单。

第四步：运用自我肯定的技巧勇敢表达您的需求

借助下面的JEEPP方法（如下文所示），从难度最低的需求或愿望入手。

如何提出您的要求

运用JEEPP方法提出您的要求：

J = 我（法语：je，即英语的I）。

以"我"字开始说出第一句话。

（"我希望，我会很高兴，我想要……"）

E = 同理心（法语：empathie）。

考虑对方的感受。

（"我理解……但我还是希望……"）

E = 情绪（法语：émotions）。

此处指您的情绪（"必须要我坚持，我感到有些为难"）和对方的情绪（"我理解，您会因为我的请求有些尴尬。"）

P = 精确（法语：précis）。

开门见山地提出您的要求。

（"我来找您是为了请您今天下午四点离开。"）

P = 坚持（法语：persistance）。

像唱片反复播放一样，请您重复提出您刚才那项精确的要求，佐以同理心。

（"我理解，这会给您造成一些困扰，但我确实希望下午四点离开。"）

积极正面地结束对话：

无论对方如何回应，无论您是否能得到请求的事物，也无论您的要求有否商议的余地，我都建议您用积极的方式结束对话。

（"很遗憾，我的请求您没有准许。但我还是感谢您的倾听。"）

在诺埃米的20分情景中（向雅克利娜要回借给她的书），她准备的对话如下："雅克利娜，如果你能把三个月前我借你的那本书还给我的话，我会很开心的（以"我"字开始、精确直接地提出要求）。"当雅克利娜告诉诺埃米，自己还没时间读这本书时，诺埃米继续说："我能理解（同理心）。但书在你那儿已经三个月了，我希望你能还给我（坚持），先提前谢谢你了（积极地结束对话）。"

接着，诺埃米和一个朋友一起重复预演了这段对话。于是，第一个情景的难度降到了20分以下，她便在现实生活中成功地应用了对话。

在40分情景中（询问莫妮克音乐会会不会打扰她），诺埃米准备了如下对话："莫妮克，请你告诉我你的想法！我很担心这音乐会影响到你，因为我们在一个地方干活（同理心）。是不是这样？（询问／核实他人的想法）不管怎么说，如果是的话，我希望你告诉我（同理心），因为我真的不想让你为难（坦露自我，表达情绪）。"在这段对话中，她多次用到了同理心，因为她的要求越来越不容易了。

为了第三个情景，也就是60分情景（问米谢勒能不能一起去逛街），诺埃米准备的对话是："米谢勒，最近我很抑郁（坦露自我），我很希望你可以和我一起去逛逛街（以"我"字开始、精确直接地提出要求），但如果你丈夫和你已经有计划了（同理心、尊重对方），我特别不想打扰你们（同理心）。"

我们看到，请求越是不易，同理心越是被多次用到。诺埃米甚至为她95分的情景也做了一番准备："朋友们，很长一段时间以来，我一直想向你们坦承一件对我来说很艰难的事（坦露自我）。我有社交恐惧症，也就是畏缩胆怯（坦露自我）。就因为这样，我才一直是单身，也没法在群体里发言（坦露自我）。现在我正在接受心理治疗（坦露自我）。我不想瞒着你们，其实我很担心你们的反应（坦露自我）。你们怎么看这件事（询问对方的想法）？你们会不会觉得我不正常（坦白内心的成见，询问对方的想法）？"

当诺埃米把这些付诸行动时，她的自信大大地增加了。她变得真实，坦然地做自己，不再需要躲藏在自己的羞怯之后。

大胆说出您的不悦

为何当有些人或事冒犯了您时，您有必要做出回应？如果您把那些令人不快或恼人的事情"收入囊中"，却一声不吭，您就等于在释放这样的讯息："我没有你们重要！请继续吧，我不值得你们重视！"然而，若您决定说出是什么冒犯了您，您就在告诉他人，您是有底线的，您也是一个值得尊重的人。您的自信也就会得到提升。

以下四个步骤将帮助您学会表达您的不悦。

第一步：了解您的沉默将带来的负面后果

请参考本书第一部分第12页的内容。

第二步：对抗您的消极思想

阻碍您表达不悦的思想	帮助您表达不悦的思想
说了也没用，他不会改变的	如果我表达出来，他就有改变的可能
我会引发冲突的	如果我什么都不说，将来的冲突可能会更严重。我有必要把这个问题提出来
是我太苛刻了	我可能是苛刻了些。我要问问他，我的要求是不是太高了
我的表达能力不佳	就算是磕磕巴巴地表达，也比什么都不说要好

您在"关键一"中已经学会了将"负面扩大化"和"负面最大化"这两个认知过程记录在四栏表格中（请参阅第173页）。这些负面思想阻碍着您的行为。请记得，这些行为属于阻碍我们行动的想法。而在四栏表格的右侧栏则记录了更详细、积极正面，且指向未来行动的思想，我们称它们为引导我们做出建设性行为的思想（请参阅第173页）。

第三步：列出日常生活中使您不悦的事件

只要是家庭聚会，都会变成您妹妹的一言堂。她装着什么都懂的样子，谁也别想表达自己的想法。请您告诉她这些。

您的朋友莱昂总在其他朋友的背后说他们的坏话，您实在无法忍受。请您对他说出这些想法。

您的配偶什么家务都不做，所以每天晚上您根本没有放松的时间。请您说出来！

您觉得公司的同事似乎在背后对您指手画脚。请去核实。

阿尔贝的不满清单

表达难度	想要表达的不满
20	要求好友贝尔纳每次约见时准时到场
40	告诉妻子，我不希望她再在我朋友面前指责我了
60	对上司说，我不赞同他将我上一年的工作评估为中等
80	母亲说尽别人的坏话，告诉她再这样下去我会暴怒的

第四步：运用自我肯定的技巧大胆说出您的不悦

与之前的练习一样，请先写下您的"脚本"，随后和帮助您的人一起反复演练，直到该情景的难度降到40分或40分以下。请同时参考DESC法则。

如何批评某人（或要求他／她为我的缘故改变行为）

DESC法则概要如下：

▶ D=描述（法语：description）。对事件进行精确、简练及客观的描述。

▶ E=负面情绪（法语：négative émotions）。用第一人称"我"来直接表达负面的情绪。

▶ S=积极的处理方法（法语：solution positive）。用第一人称"我"，提出一个积极、详细、对方可以实现的处理办法。（"如果你下次约会可以准时的话，我会很高兴的。"）

▶ C=正面结果（法语：conséquences positives）。如果对方接受您提出的解决办法，就可从您的角度用叙述正面结果的方式结束对话。

阿尔贝非常出色地使用了DESC法则，针对他清单中的事件一一做出了完整的准备：

▶ 20分不满事件：要求好友贝尔纳每次约见时准时到场："贝尔纳，每次我们约好见面，我都得至少等你十五分钟（描述事件）。我很讨厌等人（负面情绪）。下次我们再约的话，如果你能准时到，我会很高兴的（积极的处理方法）。先谢过你啦。不用等人的话我的感觉会好很多（正面结果）。"

▶ 40分不满事件：告诉妻子不要再在朋友面前指责我了。阿尔贝很小心地找了一个气氛和谐的时机，与妻子面对面单独交谈："你知道吗，亲爱的，你常常当着朋友们的面批评我，像上周六在阿芒迪娜和路易家就是这样（描述事件）。这让我很不好受，也会贬低我的形象（负面情绪）。如果你能不当着朋友的面私下责备我的话，我会很欣慰的。我希望在他们面前，你能用更正面的话谈论我（积极的处理方法）。这样，我们一起出去的时候，我就会感到放松许多（正面结果）。"关于夫妻间的责备，就算您对配偶有许多种不满，我仍建议您在每次讨论时只提出一个批评意见！

▶ 60分不满事件：对上司说，我不赞同他将我上一年的工作评估为中等。在谈话之前，阿尔贝先细心地与上司约了一个时间，以便安静、理性地对谈，并把地点约在了上司的办公室，而不是过道里，避免了上司因为匆忙而无法专注："先生，您把我上一年的工作评估为中等偏上（描述事件），我感到很失望，也无法理解这样的评估（负面情绪）。如果您能够给出一些理由，或者根据我的业绩重新考虑一下您的立场的话，我会很感激的（积极的处理方法）。我也会因此感到我所有的付出得到了应有的回报（正面结果）。"

▶ 80分不满事件：让母亲不要再说尽别人的坏话了："妈妈，我经常会听到你用负面的话议论别人（描述事件）。这让我很生气，我也很难过（负面情绪）。我希望你可以换一个角度看事情（积极的处理方法）。这样我们就会活得更幸福（正面结果）。"

如您所见，这些批评的表达难度越来越大，事先都需要精心的准备。然而，它们无一不是坦率、直接的，并且都不具有攻击性。在实践中，若您给所有的不满都打了80分，请千万不要把它们表达出来。请您向阿尔贝一样，从难度最低的入手，先做准备。

准备的步骤并无不同：在"玩儿真的"之前，先练习多遍。当您进入真实环境后，请先面对难度低于或等于40分的事件。对于难度分数较高的事件，请您等到准备足够充分，并且难度有所降低之后再付诸行动。

敢于说"不",敢于商议

为何说"不"对于自信有着如此重要的意义?因为当您不会说"不"时,您本人的完整性就受到了威胁。会对他人说"不"是十分必要的,这会让您尊重自己,同时也受人尊重。如果您适时说"不",您就为您的"是"带来了价值。

此外,在"是"与"不"之间,您还有第三个选择:商议。这样一来,您就从人人惯用的老掉牙的"是",过渡到了诸多可能性并存的阶段:是,哦不,可以是,但作为条件……

在此,我也将向您介绍四个步骤:

第一步:了解无法说"不"将带来的后果

▶ 无法让他人知晓您的底线;

▶ 他人很可能会利用、剥削您,把您看作"冤大头";

▶ 您的个性会被逐渐抹杀,也会失去您人格的完整性。

(请参阅第一部分第14页的内容)

平日里,您会任由窗门大开吗?您会让任何人随意进出您家吗?您会在大雨天仍开着窗户,让大雨浇湿客厅吗?当然不会,您一定会关好门窗,保护您的内室。在您的内心,请您时不时地做出同样的举动。请说出"不",关上门。请说出"停,此地闲人免进","这里,是我的隐私所在"。但如何才能对他人提出反对意见呢?

第二步:对抗阻碍您说"不"的负面思想

妨碍您拒绝的思想	帮助您拒绝的思想
如果我说"不"的话,他会很难接受的	说"不"对我而言很重要。我会试着不去激怒他
这样会导致冲突	的确可能会有冲突。但就算有冲突,站在我的角度,我还是会尽可能地尊重对方
如果别人要我做什么,我必须得做	我从小就被教育要这么做,但这为我造成了许多不快,因为有些事是我不想做的,有些事甚至是有坏处的。我已经决定改变做法了,也决定从此以后,我自己来决定我想做什么,不想做什么
说"不"是自私的行为	与其说是自私,不如说是重视自己的权益、爱护自己的表现。这也并不说明我对别人漠不关心
要说"不"的话,我就得解释一番,或者得有充分的理由	只有我能决定什么对我是好的,什么对我不好 我不需要成天为自己辩解
如果我不马上说"不"的话,之后说就为时已晚了	在说了"是"之后,通常还是有可能再说"不"的

请您运用您在"关键一"中学到的GRIMPA,在新表的左侧栏写下不恰当的认知过程,如扩大化、任意推论等。随后,请在右侧栏记录下条件性认知模式(如果有人要我做……)、should(我应该)和must(我必须)语句统计、阻碍我们行动的思想和指向未来行动的思想,以及积极且富有建设性的思想。由此,您的心理就能达到最佳状态,从而进行健康的自我肯定。

第三步:列出您最需要拒绝的事项

▶ 社交生活中:拒绝买上门推销员的商品,拒绝乞讨等;

▶ 工作中:拒绝接受从同事那里加给您的额外工作(以萨比娜为例),拒绝与我的职责无关的工作等;

▶ 交友关系中:拒绝和某个朋友一起去做某项运动,或拒绝朋友的出门邀请(例如,朋友要和您一起去看球赛,但您不喜欢足球),拒绝去看某位我不喜欢的导演拍的电影;

▶ 爱侣关系中:拒绝和配偶一起前往一个自己不喜欢的地点度假;两人一起商议探望彼此父母的时间。

以丹尼尔的拒绝清单为例:

丹尼尔的拒绝清单

拒绝前的内心 抵触程度	拒绝事项
10	拒绝购买推销员上门推荐的全套十册百科全书
20	拒绝付1欧元给"好心"帮我留下停车位的流浪汉
30	在朋友家拒绝继续喝酒
40	拒绝和同事一起吃晚饭
50	拒绝多吃一块女性朋友亲手做的蛋糕
60	向上司拒绝接待曾羞辱过我的一位客户
70	拒绝继续在众人面前被上司攻击
80	拒绝妻子每周日都去看她的父母

第四步:运用自我肯定的技巧勇敢拒绝

有助于拒绝他人的自我肯定技巧概括如下,请参阅下表:

学会说"不"
您的权利与义务: 1. 给自己说"不"的权利; 2. 不要感到自己有解释的必要; 3. 立即商议,紧随其后(在说"不"之后)

（续表）

学会说"不"

五大步骤：

1. 说出"不"——"不"应当是您说出的第一个词；（"不，我很抱歉"，而非"是，不过……"）
2. 像唱片反复播放一般重复说"不"；（"我再向您重申，我的回答是'不'。"）
3. 表现出同理心，显示您很理解对方的处境，（"了解到您有经济困难，我真的为你难过，但我还是不能借你钱……"）随后口中重复您的拒绝言辞；
4. 如果对方坚持，请表达您的负面情绪；（"您还继续坚持的话会让我很难堪。"）
5. 结束对话，（"我的回答就一个字：'不'"）如有必要，请加上反对的动作（伸手、关门等）

视情况而定：

1. 表达您因拒绝而承担的难处；（"我真的很抱歉，也真的很尴尬，不得不对您说'不'"）
2. 当对方要求蛮横时，重新使逻辑规整；（"我对你的友情的确是真的，但500欧，我的回答是不"）
3. 在说了"是"之后再说"不"。（"对不起，我当初答应得太快了。其实我现在要拒绝您的要求，我理解，这样的改变会让您不悦，但我必须对您说'不'"）

现在我们将要应用这张表格中的方法。我们仍以丹尼尔的清单为例：

▎20分拒绝事项：拒绝"好心"保留停车位的流浪汉

用友善、不带挑衅的表情说："不，谢谢！"此处涉及的是简单的社交性拒绝。您只需要索取拒绝的第一步：说"不"。您不需要商量，更不需要为自己解释。

‖ 40分拒绝事项：拒绝同事的晚餐邀约

丹尼尔把他与同事蒂埃里之间的一段对话告诉了我。下方对话的括号中是他没敢说出来的想法。具体如下：

蒂埃里：好久不见啊！这几天晚上找个时间一起吃顿饭吧？

丹尼尔：好啊，很高兴啊（但我最近很累）。

蒂埃里：周四我不会很晚下班，你看如何？

丹尼尔：OK，没问题！（不巧，我那时得开会，要赶快开完才是。而且我真的很累，这样一来我会晚睡的！）

蒂埃里：我认识一家不错的餐馆，明天我给你打电话确认。

丹尼尔：好的！（我为什么要同意呢？）

事实上，我们可以看到，就算我们在头脑中想要拒绝，嘴上要说出"不"仍是有困难的。

我让丹尼尔重新审视这段对话，建议他大声说出自己内心的想法。于是，对话就变成了这样：

蒂埃里：好久不见啊！这几天晚上找个时间一起吃顿饭吧？

丹尼尔：好啊，我很高兴，但最近我有点儿累！

蒂埃里：周四我不会很晚下班，你看如何？

丹尼尔：OK。我会和你吃晚饭的，不过不巧的是我得开会。那么到时候我得快点把会开完。另外我真的很累，这样一来我就得晚睡了！

而此时，蒂埃里的回答就不一样了：

蒂埃里：噢！既然你很累，周四又不方便，那么我们另找时间吃饭吧！

丹尼尔：好啊，我其实更偏向于下周。下周我就有空了。周二你看看可以吗？

这样的新版对话对丹尼尔的自信岂不是更有益处吗？

‖ 60分拒绝事项：向上司拒绝接待曾羞辱过我的一位客户

"不，先生！（拒绝）我很抱歉，但我不会再去接触这位客户的，他曾经那样冒犯我！我理解，您希望有人可以负责与他接洽（同理心），但我实在忍受不了他对我说话的方式。我不想再任凭自己这样被人贬低了（表达您的负面情绪）。如果您的确需要有人负责这位客户，我认为换一个人会更合适（提供解决办法），但我，鉴于他以前对待我的方式，我绝对不可能接待的（坚持拒绝）。很抱歉（表达您的情绪）。"

80分拒绝事项：拒绝妻子每周日都去看她的父母

"亲爱的，我有一件很严肃的事想和你说（提议讨论）。我不希望每周都去你父母家（拒绝）。我在那里觉得很无聊，而且我情愿做些别的事情（表达负面情绪）。要对你说这些，我也很为难（表达负面情绪）……我不想让你吃惊或者失望（尊重对方的情绪），而且我理解，每周日去探望他们对你而言是很重要的事情（尊重对方的立场）……而且我想，我不去的话你的父母也会很难过（尊重他人的立场）。所以我想和你商量一下有什么解决办法……如果我每两周去一次怎样？（寻找解决办法）。这样，我就会更轻松些（预见您的正面情绪）。也许你的父母也会意识到这一点吧？又或许这样一来我们见面的时候就会更开心，你觉得呢？（询问对方的想法、商议）"

我们可以看到，在最棘手的事情上，我们会大量地用到同理心，并多次表达自己的情绪，也会照顾他人的情绪，从而进入商议阶段。

事实上，在干巴巴的"是"与"不"之间，有着许多可能的答案，如下图所示：

是 ←———— 商议 ————→ 不

如何在说了"是"之后再说"不"？

以下技巧含有很大成分的同理心和丰富的情绪，对于推翻之前"是"的回答非常有效。贝尔纳黛特的情况正是如此。她在同意与莫妮克在周六下午见面后（她当时没敢说"不"），不得不推翻之前的回答（因为她早先已经答应他人要和丈夫参加某个活动）。

表达范例："莫妮克，对不起，我不得不出尔反尔，周六下午我不能见你了（表达负面情绪）……我真的非常抱歉和为难，因为我知道你非常信任我（同理心，尊重朋友的情绪）……我也知道，先答应后来又说'不'是很没礼貌的（接受自己的错误和缺点），而且我一变，你可能会失望的（询问对方的负面情绪）。是不是这样？再说，这还会打乱你的计划，对吗？（询问自己给对方造成的不便）……"根据朋友的反应，贝尔纳黛特一定能够达到和解，因为，即使朋友为她的变卦而失望，她还是会看到，贝尔纳黛特很尊重她，承认自己改变主意造成了她的不悦。

敢于回应抨击

为何回应抨击对于自信有着重要的意义？

很简单，因为若您不作回应，您就可能被摧毁。不加思索地接受他人对您的所有抨击将会使您的人格刚强度岌岌可危。如何避免这样的情况？

与抨击相关的几大要点

第一，这里所说的抨击不仅仅是话语上的批判，也包括耻笑、诽谤、指桑骂槐等。

第二，在回应抨击时，既不可过于开放，也不可过于保守。若您过于开放、接受所有的抨击，您就可能会失去人生的支点，变得脆弱不堪。若您过于保守，则可能变得没有忍耐力，也无法进步。

第三，一般来说，当我们缺乏自信时，我们会觉得自己毫无价值。于是，所有的抨击都成了真相，而我们也预先给了别人抨击我们的理由，认为他／她犀利地看穿了我们的弱点。这样一来，我们就赋予了对方凌驾于我们之上的权力，而我们也很可能就此任由他人攻击。

第四，在与第三点相反的情况下，您可能会对所有的抨击都采取摒弃的反应，时刻保持警惕，害怕他人会把您摧毁。于是，您变得富有攻击性，也几乎没有成长、进步的可能。

第五，面对抨击，最大的难题就是筛选出富有建设性的批判，摒弃毁灭性的论断。您可通过自我肯定的技巧学会筛选。

对抗您的负面思想

阻碍您回应抨击的思想	帮助您回应抨击的思想
谁是领导，谁就有权做任何事	领导拥有的权力只与工作有关，无论如何，他／她都没有权力侵犯我，我要捍卫自己
如果他批判我，那么他总是有些道理的	我做错的我会承认，但如果我的观点是有价值的，我会坚持
为自己辩解是没用的	捍卫自己，是在维护我的安全感、稳定性和我的自信心
我最好还是避免冲突	开放但坚定的回应不会让冲突升级。相反，它会舒缓紧张的氛围

用消极调查的技巧回应抨击

在您遇到的所有情况面前,无论您面对何种抨击,我都建议您从消极调查的技巧入手。

‖ 消极调查

正如记者或警官一样,消极调查就是提出一些开放性的问题,这些问题的开头用词包括"什么、谁、如何、为何"等,目的是为了了解对方究竟想要对我们说些什么。在这种情形下,请您一定要不惜一切地避免采取反击。

例如,您可以这样问:"当您说我的工作不合格时,确切地说,您的意思是什么?您在哪些方面觉得我的工作不够格?从何时起您发现我的工作质量不如先前?"

这些问题都属于针对事实本身的消极调查。我们的目的是为了明白对方抨击我们的具体内容。

但我们也可以针对情绪做消极调查:"当您发现我的工作质量不如之前时,您的感想如何?您想到了什么?"

这一技巧有许多益处,它可以:

- 避免以牙还牙地反击;
- 让对方明确他究竟想对您说什么;

▸ 分辨对方究竟是出于真心帮助而给予批评意见——若是如此，他们会详细举例，明确回答——还是纯粹想要攻击您一番——若是如此，您提出问题后，他们几乎没有任何论据；

▸ 表现出您的强大心智：您并没有表现出神经质或暴跳如雷，而是平静地花时间与对方探讨。

当此番调查完成时，视抨击是否有根据、是否合理，您可求助于不同的应对技巧。

第一种情况：抨击合理、有根据

如果抨击有根有据，那么我建议您使用ERD法则。

▸ E＝调查（法语：enquêter，英语：inquire），我们刚才已经谈到了这一点。

▸ R＝承认（英语：recognize）。您需要在此承认您的过错（承认事实），并承认自己给对方带来的难处（承认情绪）。例如："是的，的确，这份文件我做得非常快，我承认自己可能做得太快了（承认事实），我也理解您的失望（承认情绪）。"

▸ D＝决定（英语：decide）。如果您犯下了过错，那么在承认过后，就要决定是否做出改变，还是进入商议阶段。例如，"那我现在马上去重做这份文件（决定改变）"，或者"我承认这份文件我处理得太快了，但我绝对没时间再重做了，现在我手头工作特别多（决定不做改变）"，又或者"我承认这份文件我处理得太快了，最好重做，但我现在手头的工作非常多。那么，如果您希望我快点重做的话，我就请您允许我不用去参加周五的会议（决定商议）。"

‖ 第二种情况：抨击无根无据、不合理

如果他人对您的批判不合理，那么您就应当自卫。您可以接受您受责备之事的本质，但要拒绝接受他人抨击您的形式。类似的事例包括您的配偶在一次聚会上当着朋友的面指责您。请您参考第247页中说到的一对一谈话，常常操练。

再比如，当您的上司不顾在场的多位同事，在开会时吼着批评您不如人意的业绩，那么请您学会这样回应他："先生，我很愿意和您探讨我的工作和我可能会有的缺点（接受本质），但我不能接受您用这样的语气，当着同事们的面喊叫（拒绝形式）！"

▶ 不要任人侵犯

您也许还记得，本书曾经提到，您需要倾听那些关于您的行为的批评，但您不应该给别人机会，任由他人抨击您的人格。您的人格

关乎您的隐私、内心的稳定，很可能会遭到他人有意或无意地质疑、冒犯。

在最极端的情形下（当然绝大多数时候都很不幸），若对方不顾您的回应，继续进行猛烈攻击，那么您最好的处理方式就是离开现场，"弃权走人"。自始至终，您的自我保护应该被置于首位。然而，遗憾的是，我曾目睹许多日日持续的侵犯画面，无论是在职场还是在伴侣关系中，不少人每天都遭受着严重的侵犯。随着时间的推移，这些人对无尽的批判和掌控已几近麻痹。他们就像被麻醉了一般，无力回击。在这种情况下，他们的自信被彻底摧毁，即使他们在屈服于侵犯之前曾有着健康的自我形象。因此，他们需要的是漫长的心理治疗，接受耐心的引导，最终重新找回自尊。只有当他们认识到自己是世界上最宝贵的人，自身价值远远超过工作和爱侣关系时，他们才会真正康复。他们也应当意识到，他们必须不惜一切代价地捍卫自己的权益，及时寻求他人的帮助。

自我肯定的技巧在这一背景下有着很大的作用，使人知晓如何说"不"、如何回应抨击：当他们可以有效地应用这些技巧时，侵犯者们再想乘虚而入就远没有那么容易了。

最后一个例子也很常见，其中的主角对批评过于敏感。

约瑟芬的老板语气平和地问她:"今天您给马丁打电话了吗?"

约瑟芬用讽刺的口吻冷冷地说:"您是觉得我整天什么事都没干吧?是啊,和往常一样,我从早上来了之后就坐在这儿闲得无聊呢!打电话给马丁,您以为我只有这一件事要干吗!"

若您是约瑟芬的老板,面对这样的回答,您会做何感想?

事实上,约瑟芬完全没有自信。她需要在工作中被不断肯定,并且忍受不了任何的批评。为此,她前来诊所咨询。我们针对上述的事件进行了分析。我们将自我肯定的技巧运用到了这一事例中,以下便是融入技巧之后约瑟芬可以参考的表达:

"您这样问我,是不是因为今天必须要联系马丁先生(核实对方语义)?好的,请听我说,今天我工作太多了,还没有打(承认失误)。但既然很紧急(同理心,尊重他人需求),我就立刻处理(决定改变行动)。不过,我想您能理解,要先处理马丁先生的事务的话,杜蓬先生的事就要延后了(寻求折中解决方法、寻求对方的接受)。"

在您看来,约瑟芬的价值有否降低?这样的回答,是否会让您觉得她比较自信了呢？

敢于做自己：
肯定本真的自我

在了解了各种自我肯定的技巧之后，也许现在的您已经能够做到提出更多的要求、更大胆地拒绝他人。您也学会了摆明自己的底线、懂得在面对攻击时保护自己。

但除此之外，还有一种对本真自我的肯定，它会大大激发您的自信。肯定本真的自我，在于表达您的情绪，敞露您的强势与弱点，展现您原本的样子，做最真实的自己。这种对自己的完全接纳不仅会让您接受自己，还会使您被他人接受。

以下，您将看到我的一些患者是如何使用本真自我的肯定技巧的。

敞露自己

‖ 介绍自己

请您学习如何在会议上介绍自己。您的介绍可以简洁质朴，也可以深入动人。

请看一个自我介绍的范例,首先是简朴版:

我叫阿德琳,是半工的西班牙语老师,教高一和高二的两种水平的班级。我所在的高中共十一个班级,每月要开两次教工会议……

我们可以看到,这样的介绍有些呆板,像是行政汇报。随后请看另一个更生动的版本:

我叫阿德琳,出生在里昂。我的父亲来自马格里布,母亲是西班牙人。我有两个孩子,一个2岁,一个5岁。今年我教两种水平的高中班级……

在第二个版本中,阿德琳谈及了些许她的个人信息(对她而言难度大为增加)。您可以视情况而定,使用恰当方式做自我介绍。总之,请释然地说出您的身份、您的特质和您所做的事。

‖ 敞露您的弱点

瓦莱丽是一个极度完美主义的年轻女孩,几乎没有自信,只能成天装扮出一副"好人家的好女孩"的样子，保持着微笑，对自己说："一切都很好，都很好。"我非常了解她，我知道，其实她始终都很怀疑自己，怀疑自己的才智、相貌……为了停止追随那让她百般别扭的外在形象，我们决定以小组式心理治疗的方式进行一次敞露自我的练习。

在一次小组分享中，她提到公司一位同事批评了她，但事实上这只是很温和的小批评而已。然而，她当时不禁对着同事崩溃大哭："我知道，我太完美主义了。从小大人就教我必须永远做到完美。其实我很清楚，您的批评一点都没有恶意，但一想到您对我工作的质量有了怀疑，我就担忧得无以复加了。"

寻求褒扬

萨比娜终于在家里办了聚会（几年以来她从没办过，只是因为害怕接待不周），邀请了两个闺密带着丈夫一起来。聚会开始前的一周，她焦虑至极，周而复始地摆放着碗碟、打扫着屋子，为闺密可能会论断她而焦虑不安。她忧心忡忡，疑虑一直在持续，所以我们一起演练了多次她和其中一个闺密的电话对话。演练过后，现实中的对话如下：

"听我说，你可能会觉得我这么问很蠢，但我很想知道，你觉得上周六的聚会怎么样？你知道的，我经常会怀疑自己，我真的很怕上次你和你丈夫没有好好享受。是这样吗？"

闺密回答道："那天的聚会成功极了！而且从你家出来后，我们四个：我和我老公还有我们的朋友到了车上还一直在回味。我们一致认为你真的太有接待客人的天赋了。"萨比娜被这一回答惊呆了，但她也相信了闺密的话，因为她很了解闺密，知道她是一个有什么就说什么的人。之后的门诊开始时，她显得非常自豪。

这样的技巧名为寻求褒扬。这并不是为了让人产生自满，而是为了让怀疑自己的您去主动了解一番熟悉的人对您的行为的看法。当我们完成美好的行为时，听到赞美不失为一件快事！

表露情绪

当别人的行为影响了您，请表现出来，让他们知道。比如，当您收到一封语气挑衅的信件时，请不要放过此事，因为您很可能因此而在内心积下怨愤，破坏您之后与这个人的互动。请拿起电话，告诉他："你知道吗，我收到你的信时，第一反应就是反胃。我觉得很受冒犯。我希望就这封信跟你谈一谈，为什么你要写这些话。"对方听后便会了解到他的信件导致了您什么样的反应，并且他会意识到，自己面对的人是个不卑不亢、说话极有分量的人，是个不能随便对待的人。至于您，您则会为自己表达了情绪且没有用言语激怒对方而感到自豪。

瓦莱丽却有着不同的观点："我妈妈一直都说，人要做到刀枪不入，这样就不会被别人辖制！"她认为，表达情绪相当于给他人以可乘之机。但是，在小组治疗中，她有了一次完全相反的经历，从此便完全改变了想法。

30岁的埃尔韦早先与家人和朋友们断绝了一切来往。随着心理治疗的深入，他渐渐好转，于是决定露面。他给一位久未见面的表妹打了电话，希望重新恢复联系："你好，洛朗斯，我是埃尔韦。我知道我们已经有许多年没有说过话了，可能你会觉得，我现在才来联系你实在是太过分了。但许久以来我一直想知道你过得怎样，也想见见你。你也许还记得，我非常非常内向。其实，我一直都不敢迈出这步，今天总算迈出了（敞开自己）。"

尚塔尔一直都与父母有些疏离，对他们有所保留。如今，她已经48岁了，但她从来都不敢告诉父母自己对他们的教育方式有何看法。她很想向他们倾诉，自己多么钦佩他们对待人生的态度、给孩子们的教育，以及对已逝长女身后之事的料理。但尚塔尔觉得，自己决不可能和母亲说这些。她害怕这样的谈话会激起太多情绪。她把自己对这一情境的焦虑程度估测为80分。

事实上,在分析了尚塔尔的想法之后,我了解到,她认为说出这一切将很可能使母亲深感震惊,甚至使她崩溃。许多儿童都会认为,对父母说出自己的感受(无论好坏)后会摧毁父母,由此儿童就会感到极度不安。这一现象甚为常见,甚至在儿童成年之后仍会发生。我与尚塔尔进行了预先的角色互换演练。尚塔尔在演练过程中就已表现得非常真挚、坦诚,以至于当她在现实中与母亲对话时,母亲激动得难以自制(正面意义的激动)。从此,母女之间的联结较之前大大加深。

在见到母亲之后,尚塔尔来到诊所,回忆起当时的对话。在沉默许久之后,她对母亲说:

妈妈你知道吗?很久以来,我一直想说一些从来没敢说出来的话:我真的非常敬佩你和爸爸对孩子们的教养。长女残疾,这不是件容易应付的事。而你,妈妈,你是一个如此完美的女人,不管在家里还是在外面,你都是那样杰出。你一直以来都是我的楷模……

说到这里,母女相拥而泣。

心理专家们在治疗时都会用到以上提到的技巧。这些技巧针对的是人的情感。如果您想以非专业的方式使用它们,请您遵照本章所述,以渐进的方式缓慢地使用,并在实际操作前先为场景的难度进行评估,打分从0分至100分不等。切记,仅当难度分数低于40分(最多50分)时,您方才可以付诸实际行动。在需要时,请寻求身边亲友的帮助,做好场景想象的练习……总之,请您有条理地慢慢前进。当然,您也可以接受心理专家的专门治疗,他们将使用上述的这些自我肯定技巧,也会使用其他技巧。若您对此颇有兴趣,请继续阅读,我将在后文介绍其他治疗技巧。请注意,后文所述的技巧应由心理专家执行。

更多相关内容

想要进一步加深对自己的认识?想要了解是什么在指引着您的前行?为何有些情景和失败会不断重现?

在向您演示如何发掘您的各类成见后,我将帮助您获得更灵活宽松的生活体验。

如何发掘您的成见？

注意重复发生的事

心理治疗领域的各学派在这一点上都达成了共识：正是一个问题的不断重现扰乱着我们的生活。那么，如何发现您的主要问题？我建议您可以拿起您的三栏表格，并在右侧栏中找到您的大部分自发思想里都可以看到的词汇、短语。以让的表格为例：

让的三栏表格

事件情景	情绪	自发思想
上班的时候，一位同事来问我她能不能和她带的孩子们一起在隔壁的房间里演奏音乐。她说："我觉得你可能会受不了噪声的！"	情绪化 被激怒 愤怒 不公平感 5/10	她觉得我受不了噪声 她认为我气量狭小不会包容 她的想法对我太不公平了 她都没看到我做了些什么样的努力
同一天晚上，我回到家想放松放松，其间给六个月大的女儿喂了一餐。我的妻子在一旁叫嚷："你瞧！你弄得到处都是！说到底你根本就不会喂小孩！"	伤感 愤怒 不公平感 7/10	我妻子对我不公平 她成天都在抨击我 她没有看到我为这个家都做了什么

（续表）

事件情景	情绪	自发思想
上周六，我告诉妻子，打折卖给我们洗衣机的那家店送不了货了，还给我推荐了一台更贵的。妻子说："都是你搞砸的！我们又上当了。你本该处理得好些的！"	不公平感 愤怒 失望 7/10	我妻子对我不公平 她没看到我花了多少工夫才找到这个半价优惠的 总是这样，谁都只看得到我没做好的事

若您使用"关键一"中所述的归因理论（请见第164页），您就会发现，让的大部分自发思想都属于向外消极想法，且它们都有着同一个主题："别人对我不公平。"让也注意到了这点，说："确实是这样，我总觉得别人对我不公平。我需要别人认同我，认同我所做的一切。所以我一点都忍受不了批评，不管别人说的话里面含有多少批评的成分。"让明白了，他的主要成见是："我需要他人认同我，我才能感觉良好！"一旦他不被认同，他就会深感不安。这就是为什么他不得不总是处于对批评的高度警惕中，随时准备自我防卫。

走到灾难的尽头
技巧："向下箭头"

心理学家们证实，只要我们继续躲避某些思想，我们的质疑和自信缺失就会一直持续下去。人们常说的俗话"不要去想了"无疑是自信缺失不断持续的一大原因。

所以，我们需要反其道而行之，想到所有可能发生的状况，甚至是最差的境况，从而排除事情的悲剧性元素，并让您明白，最糟糕的境况即使存在，也不可能经常发生。此外，在灾难性的事件之外，通常都存在不那么灾难性的备选情形。此处我向您介绍一种"向下箭头技巧"（down arrow technique），它的原则就是让您思考：最坏的后果是什么。

您可以参考蒂博的例子。您也许还记得这位缺乏自信的度假俱乐部策划。由于心里发生了质疑，他做了如下练习。在送一支旅游团上飞机后，他突然怀疑自己有没有好好检查机票。蒂博经常会怀疑自己是否把事做好，他特别害怕犯错。以下是蒂博的"向下箭头"列表：

蒂博的"向下箭头"表

灾难性情景	备选情景
1. 我没检查好机票 ↓	1-1. 我的确检查了机票
2. 机票上有错 ↓	2-1. 我没仔细看但不会有错的

(续表)

灾难性情景	备选情景
3. 这个错误很严重,无法挽回 ↓	3-1. 有一个错但不严重 3-2. 有一个大错但还是可以挽救的
4. 犯了这个错,老板会把我辞了的 ↓	4-1. 老板批评了我,但不辞退我
5. 我再也找不到工作,就没有收入了 ↓	5-1. 我长期失业 5-2. 我是不是做些临时工
6. 我得了治不了的抑郁症 ↓	6-1. 我可能会抑郁,但是会走出来的
7. 药都治不好我,我变得像具行尸走肉 ↓	7-1. 药物有一部分疗效 7-2. 药物完全治好了我
8. 爱人也不要我了 ↓	8-1. 爱人还是留在身边
9. 我像一具行尸走肉一样在精神病医院死去	9-1. 我可以去认识新的人,重新开始新生活

蒂博的列表应如此解读:首先,请看左侧的"灾难性情景"一栏,请暂时不要顾及右侧栏。从上至下阅读一遍。蒂博在确认每一个情景时,我都问他:"那么最坏的结果会怎样?"例如,当他说着自己没有检查机票时,我问道,"如果真的没有检查,后果会怎样?"他回答道:"机票上有错。"我说:"那么,最差的后果会怎样?"他回答:"这个错是很严重的,

而且是无法挽回的。"然后，我继续把蒂博"逼"向他最后的防线。您可以看到，到了第9步，他的不安到了非常夸张的地步。他担心自己会被开除，也担心会出现抑郁症，随后变为精神疾病，彻底无可救药、被爱人抛弃！虽然乍一看很古怪，但这个技巧可以让您一下子走到苦恼的尽头。这一步很难，在大多数情况下都需要心理医生的帮助。

我们称这一技巧为"向下箭头技巧"：每一步之后都有一个垂直向下的箭头，引出下一步。

一旦这一操练完成，大多数患者都会说："噢，我发现这些都太夸张了，事情不可能发展到这种地步的。"不过，他们并不完全否认这些灾难的可能性。于是，我们就必须帮助他们让灾难性的假设恢复到它们原先的位置，由此便有了右侧栏的备选情景。

放宽您的生活准则

如果情况不至于那么灾难性呢？
备选情景

我问蒂博："您是否真的确定，万一机票上有什么闪失，就一定会导致这种灾难？"蒂博微笑着回答："不，医生，我有点夸张了。我觉得在发展到那个程度之前，还有其他可能性。"随后，我问他会有哪些可能性。

现在请您看一看表格的右侧栏，我们在其中写下的每一步都是灾难性不那么强的其他的可能性。如此，面对思想3——错误很严重、无法挽回——时，蒂博会想象到（思想3-1），自己虽然犯了错，但不是很严重，或者犯了错，但还是可以挽救的（思想3-2）。

如果一定要让蒂博恐惧的灾难发生，那么每一步灾难性的事情都要按设想的一一成为现实。如果他偏离了左侧栏，无论是在1、3还是5号思想处发生偏离，接下来他都会朝着另一个灾难性较弱的假设继续发展。

我们的生活准则名为"条件性认知模式"（conditional cognitive pattern），与我们先前在讨论should和must时说到的命令式语句有关，也与您为自己定下的准则有关（请参阅第175页"关键一"）。

您可以按照句式辨别自己有哪些生活准则，例如"如果我不做……那么就会……""我必须……不然……"。例句："如果我不把事情做到完美，那么我就会备受指摘。"或"我必须一贯保持完美，不然就会被人论断。"其他例句包括："如果我反对别人的意见，那么我就会被否决。""我必须一直都得到别人的认同，不然我就会被否定、拒绝。"

实际操练

放宽生活准则的方法已在"关键一"中有所记述。要做到这点，关键在于仔细审视您的各条生活准则的利与弊、短中长期的用处，以及遵守与否可能会造成的后果。

比如说，对于这样的一条生活准则："我必须一直都得到别人的认同，否则就等于被否定、拒绝。"有些患者会反过来认定："我决不能被别人不认同，不然就等于被否定。"如下是尚塔尔对该准则分析的利与弊：

利	弊
群体中的大多数人都能忍受我：70分	我从不表达自己的观点：60分
我可以避免被指摘，也就避免了回应指摘：90分	我没有了个性：90分
	我一点自信都没有了，觉得自己是个没有价值的人：100分
	我是个真正的变色龙，总是见风使舵：90分
总分：160	总分：340

正如您看到的那样，对尚塔尔而言，总是需求他人的认同会带来更多的弊端，而这也是让她前来接受治疗的缘由。

您也可以思考遵循生活准则所具有的短、中、长期的效用：

▶ 短期：许多人都邀我出去，因为大家都觉得我特别有亲和力，而且就像别人说的，我不会制造麻烦；

▶ 中期：我很肯定自己绝不会落单；

▶ 长期：我会觉得自己没有真正痛快地活一回，觉得自己是个无足轻重的人，从来都不表达自己想要什么。

反过来，您可以先思考您想要的短期、中期和长期效用，以此来修改您的生活准则。假设您从现在起就决定不再寻求他人的认同，而是勇敢地表达您的观点，哪怕以被人抨击为代价，那么，面对这一全新的认知模式，您想追求的短期、中期和长期效用分别会是怎样的？

▶ 短期：有些艰难，因为我会暴露在别人的抨击下；

▶ 中期：我肯定会失去一些表面友善的朋友，他们会受不了我与他们意见相左；

▶ 长期：我会为自己自豪，因为我终于可以在我自己的观点和意愿中做我自己。我认为，真正爱我的人都会留在我的身边，而且我与他们的关系会进一步加深、加强。

您还可以先思考一番，您的生活准则会带来什么样的短期、中期和长期的行为后果。

寻求他人认同的后果：

▶ 我以消极的方式盲目跟风；
▶ 我的愿望被排在周围其他的人之后；
▶ 我的自信缺失越来越严重，我甚至由于不断贬低自己的价值而几度陷入抑郁；
▶ 抑郁症迫使我固定地去看心理医生、吃抗抑郁药、暂停工作。

反过来，如果您已经决定不再寻求他人的认同，您可以先考虑改变生活准则后会带来的行为后果：

▶ 短期：我肯定会陷入一些冲突（但运用自我肯定的技巧，我现在已经知道如何面对了）；

▶ 中期：我一定会失去一些控制欲强的朋友，他们原本就不希望我表达自己的想法。那么这不失为一件好事；

▶ 长期：我整个人都会焕然新生。也许我可以不用再继续看心理医生了，药也都可以停了，所有的社交和工作都能恢复正常了。此外，我还能加深与亲友们的感情，作为一个完整的人得到别人的尊重，也得到自己的尊重。

放下成见：让思想"民主化"！

成见比生活准则更强硬、更根深蒂固、更来势凶猛。心理专家们称它为"无条件认知模式"（unconditional cognitive pattern）。它是不容商量的，与生活准则不同，任何条件都改变不了它。这是一种极权式的断言，孤注一掷。我们在前文已看到，自信缺失者最主要的成见如下：

▶ 我没有能力做……；

▶ 我需要别人喜欢我；

▶ 我一无是处；

▶ 我必须做得更好；

▶ 我永远都做不了决定；

- 生活中尽是忧虑,我不知如何面对;
- 别人都靠不住,我得多加小心。

相较生活准则而言,改变这些成见若是只靠您自己,将会非常困难,因此您需要借助专业方法。我们这里谈到的已属心理治疗的范畴,所以,如果您的成见非常顽固,我建议您向心理专家咨询。以下治疗方法只适用于10%的自信缺失者,仅当患者有着非常激烈、让人不安的成见时才需使用。对于大部分的自信缺失者,"关键一""关键二""关键三"中的方法足矣。

您若对以下的内容很有兴趣,或您想要了解更深层的信息,请您阅读下文中心理医生们在专门治疗时实用的几大主要的成见改变法。这些方法的目标在于使人脱离心中成见所代表的"极权主义",转向采取一种更为灵活、对辩论更为开放,总之,更为"民主化"的思想方式。

再次使用改变思想方式的治疗方法

(请参阅第144页"关键一")

例如,针对"我一无是处"这一成见,心理医生会问您:

- 可以请您定义一下"一无是处"的意思吗?您认为是什么意思?

▶ 现实中有哪些事实说明您是个一无是处的人？

▶ 有哪些论据可以证明或驳斥您的"一无是处"？

▶ 把自己看得一无是处，有哪些利与弊？……

"关键一"中罗列的这些用在改变思想上的方法如今有一定难度，因为我们这里所说的是内心深处最核心的成见。我们会特别关注驳斥该成见的论据。事实上，认为自己糟糕透顶的人自幼年起就不断地将焦点放在自己的失败上，以此巩固他／她对自己的这一看法。一般来说，这样的人极少留意与他们的成见相左的信息。他们对自己的成功和强项不以为意。而心理医生将会帮助他们清点所有可以用来驳斥成见的元素。

认知治疗法

隐喻的使用

成见是一种坚不可摧的信念，从儿时起就如影随形，您每一天都会经历它。要了解成见究竟对人有着多大的影响，我们可以用手臂的先天性瘫痪来作比喻："自出生起，您的右手臂就瘫痪了。这是由于分娩时脑部供血发生了问题，而在之后的日子中，您从未使用过右臂。您一直想方设法应付，直到40多岁。如今的您无论做什么都只用左手。您始终认为，只有您的左手是可以用的，您的右臂是完全用不了的。"您的成见"我一无是处"也是一样。但心理问题相较生理问题而言具有更易逆转的优势。您是可以改变您固有的"无用"思路的，第一步是要试着明白，也许您并没有那么糟糕。这就相当于您将要开始试着使用右臂。由于您四十年来都不曾用过它，您很可能至少会在起初的几周里遇到不少困难。

这一类的隐喻可以使人明白，当我们想要改变某个成见时，我们需要付出长期而艰难的努力。改变的初期，正如要使用从未用过的手臂一样，我们会遇到磕绊。我们可能会行动笨拙，打坏不少器具。所以，这首先是一件需要下定决心、积极着手的事，也是一项需要耐心、持久而困难的任务。

其他可以使用的隐喻包括"戴有色眼镜"，比喻中提到许多种色彩的眼镜。您从出生起就一直戴着灰色的眼镜。无论您做什么、您的身边有什么，您都用这副灰色眼镜来看待。但从现在起，您得换上一副新的眼镜，镜片是粉色的。当您戴上它时，您怎样去看待身边的人和事，怎样看待您自己、您的人生计划？

我常用鞋底作隐喻。我告诉想要改变成见的人：认知治疗中，每一个练习都相当于迈出一步，而成见就是您的鞋底。在把鞋底磨薄损坏前，我们得先走上多步！

‖ 连续谱的使用

请您从一概而论的自身评价——如"我一无是处"——转向对自己每一个具体行为的评估。阿芒迪娜意识到，她在评价自己时，既基于诸多行为特质（结合了不错的倾听能力、热情以及较好的工作能力），又依据自己的外貌（鼻子、腿、髋部），还加上了人际关系的交往能力，例如工作中与人交流的水准和与朋友的美好相处……您可以从下面阿芒迪娜的连续谱上看到，我们为她的每一个特质各画了一条长10厘米的横轴。我请阿芒迪娜在横轴上她认为符合她对自身评价的位置画叉。比如说，针对第一行的倾听能力，如果她认为自己完全不会倾听，就要在横轴左端画叉；反之，如果她认为自己的倾听能力优秀到无可指摘，就在横轴的右端画"×"；如果她觉得自己的倾听能力只是一般，就可以在中间位置画"×"。

通过这个练习，阿芒迪娜明白了，诸如"我一无是处"这样的论断实在过于笼统。我们可以评估自己的每一个行为，但是，把自己笼统地评判为"无用"实属过分。再说，这对人的精神状态而言有害无益！

‖ 做您自己的辩护律师

在我职业生涯之初，曾有一位患者给我留下了深刻的印

阿芒迪娜的连续谱

	差		优秀
倾听能力			─────×─
好客殷勤		──────×──	
工作能力		────×─────	
鼻子		──────×──	
腿	───×──────		
髋部	─×────────		
与人的接触能力		──────×──	
友谊中的投入程度		─────×───	

象。这是一位60多岁的老先生，看起来是那样受人尊敬，实际上却被极度严重的抑郁深深折磨了多年。他完全无法走出来，曾休过长期病假，还住过几次院。

这位名叫雷蒙的先生对自己始终进行着自我批判。他在人生中做过的一切在他看来都应受到指责。每次咨询中，他都会尽全力辩解，一定要向我证明自己差劲到什么程度、自己的行为可憎到什么地步。一天，他告诉了我他服役期间的经历。当时，身为军官的他必须让下级士兵们做一些他本人并不同意的事，可是他必须这么干，因为那是命令！某天，他的一个手下没有按长官的要求正确穿戴，雷蒙就为他辩解，试图建议让着装规范方面的刻板规定有所放松。然而，他立即受到了严厉训斥，还被传唤到了一个谈话会上，而谈话会实际上给了他法院审判的感觉。我问他：如果当时您有辩护律师，或者如果您自己就是辩护律师，你会说什么？这时，他用律师回答法官的口吻这样说："我认为您不够包容雷蒙。的确，他为手下某个穿衣不完全符合标准的士兵说了话。他本该遵守命令，但是，他的做法更凸显出他的行为无可指摘，因为他完全可以搪塞一番，说那个士兵家里有点事儿，所以心不在焉。再说，这是雷蒙第一次违抗您的命令。您自己曾数次对他说过，您觉得他是一个值得尊敬的军人，而且正因如此您才授予他军衔。他对您的某一个命令有异议，但难道就因为这样，他就要被认为有罪吗？……"慢慢地，虽然仍旧受抑郁困扰，但雷蒙终于点燃了为自己辩护的精力。从自己的身份中走出、进入辩护律师的角色后，他成功地找到了缓解自己症状的有效途径。

当您带着对自己非常负面的成见虐待自己时，一定要小心。因为在您内心，您就如同被告上了特别法庭上一样，完全没有权利为自己辩护，也没有缓解现状的途径。但您有关成见的操练将使您变得更为包容，也会为您创造缓解现状的方法。

成见形成史

这一技巧在于回顾您的某个成见在您过往人生中的形成过程，类似于重写历史。当卡罗琳解释着自己怎样搞砸所有的一切时，她说："可是，医生，我搞砸的事并不只有工作。我驾照没考上，高考考了两次，而且从小学起我的成绩就不好。"卡罗琳只记住了负面信息和失败的过去，这些都在进一步巩固她的"无能"成见。

在之后的咨询中，我与她一起回顾了过去人生中的各个阶段。我提出的问题包括："您说您在小学里成绩不好，那么您是否记得，在初一开始之前的那一年，您做了什么其他的事？有没有获得过一点成功？当时有朋友吗？父母对您当时的表现满意吗？"后来，针对考驾照和高考的阶段，我也提出了类似的问题，鼓励卡罗琳进行操练："18岁那一年，您具体经历了什么？还记得吗？是否有过一点成功？有朋友吗？……"在问答的过程中，卡罗琳渐渐意识到，她在经历失败的同时，也常常品尝着成功。她的身边总是围绕着许多朋友。她在与别人相处时，非常积极正面、富有建设性，会主动邀请朋友们出去聚会、参加不同的活动。她也深受一起工作的同事们的欣赏。

所以，我们所做的，相当于重写历史，但此番重写根据的是真实的过往，而您的过去也在另一副眼镜的解析下被赋予了新的意义。

情感治疗法：
释放内心受伤的孩子！

到目前为止，我们已经看到的所有治疗方法都可以被视为"理性"方法，处理的是您的思维方式和看待世事的眼光。如果您仍然缺乏自信，那么当您让您的情绪也一同接受治疗时，之前的"理性"方法将得以被补充完整。在此，我要介绍的方法远比之前的那些有影响力，可能会导致激烈的情绪波动。但是，这些方法有着非常深远的意义，也可以让我们准确把握治疗进程。

‖ 家庭教育传承总结

为了增强自信、发展健康的人格，我们必须——在青春期尤其如此——保留一部分来自父母的传承。我们称这一经过为认同过程（identification process）。在保留之余，我们也摒弃其他特质，这一经过则称为对立过程（opposition process）。但仅仅如此还不足够，需要第三个过程的加入，也就是我们的亲手创造。正是我们的创造造就了我们的人格、我们有别于父母的独特性。我们创造出来的全新元素是我们的父母所没有的，决定着我们的独特性、我们独一无二的特质。例如，我们的父母对音乐不感兴趣也不反对，而您却钟爱演奏乐器。

请看帕特里克的范例。

在表格的左侧栏，请写下"我所保留的"，中间栏写下"我所摒弃的"，右边栏写下"我所创造的"。

帕特里克关于母亲的家教传承总结

我保留的	我摒弃的	我创造的
她的活力 对旅行的热爱 烹饪才能 永葆青春的愿望 她的独立 她的艺术家气质	她的自私 缺少分寸 过快下论断，且不由分说打断别人说话 总认为自己高人一等 只提问题，不采纳回答 她对弟弟偏心 把自己的决定强加于人 把凡事都归于金钱	大量阅读 投身科技方面的工作 喜爱计算机技术 在私企工作 喜欢玩游戏 喜欢笑，也喜欢开玩笑 不喜欢园舍，宁愿住公寓

帕特里克关于父亲的家教传承总结

我保留的	我摒弃的	我创造的
他的艺术美感		
他的友善、好心	缺乏坚定性	我比较外向，喜欢社交
慷慨宽厚	与家人的关系	我主张宽容自在，不喜严格
诚实正直	太容易受人影响	
他欢迎对话	缺乏野心	我决不让别人随意对待我
他对工作领域的熟知		
面对挑战时的坚韧		

帕特里克关于弟弟的家教传承总结

我保留的	我摒弃的	我创造的
他也不是独生子	缺乏主动性	我很自主
	缄默	
	缺乏野心	我的个性没有那么软弱

这一练习可以非常有效地帮助您在面对父母的影响时准确地定位自己，既可避免抵触，又避免与父母融合过密。在某些情况下，该练习可被下一练习补充。

‖ 写给父母的话

为了增强自信、真正地做自己，有时，我们可以用笔写下从来不敢对父母说的话。这一方法很有效。

请注意，此处摘录的致父母的信均在心理治疗的过程中写就，但在大部分情况下，它们并未被寄出。该练习的目的在于让患者详细阐述自己想要对父母表达的不满、感恩与赞美。

以下是阿诺写给父亲的信：

我们之间的相处一直都不怎么容易。当你在我面前时，我会觉得，我面对的是一堵墙。冷漠，是我感受到的全部。每一次，总是这么几句简单扼要的寒暄："你工作还好吗？让怎么样？"

我们最后一次为鸡毛蒜皮的事争吵的时候，我破天荒地对你爆发了。我说了伤害你的话。我想，你肯定很恼火，但这也许也让你有了些思考，或者是进步。那天，我很得意，但也很悲伤。得意，因为终于敢真正地和你有冲突，还不需要多考虑后果。悲伤，因为说出口的话伤害了你，也因为这么多年以来，我一直害怕你的论断和贬低，以至于我们从未沟通过，以至于我们最后竟走到这么极端的地步……

我多么想告诉你，虽然没法和你分享现在的点滴，但我总觉得你就在身边。有时候，我能感到，我们之间的联结是那样强烈。比如，在谈话之后，我会觉得冰冷、空虚、内疚，只因我达不到你的高度。这种卑微感，是的，就是它，成了你我相见之后留下的唯一痕迹。我是个平庸的孩子，永远都触不到你的高度，配不上做你的儿子。而你，你的才华是那么稀有，只要你能想到，就没有做不到的。你白手起家，万众仰望，而我，我出生就有了一切，我从来不想走到更高的地方，不愿做得更好，不愿多付出，总之，就是不想成为你。除此之外，我的内心始终都有深深的内疚，我所做不到的、我的弱点——一切都让我内疚，内疚到终于导致了抑郁。我从来都没有敢告诉你，是因为羞耻，当然了，也因为害怕你的离开。然而，我仍想告诉你，想让你看到我真实的样子，想要你明白，我们是可以分享生命的每一刻的。

我有那么多的故事想要与你分享。我羡慕那父子间的亲密，羡慕我的哥哥们。

我们发现，阿诺与父亲的相处并不简单。他们的父子关系充满了爱与障碍，但同时却很深刻。在阿诺的治疗过程中，仅仅这封信，我就与他重写了数十遍。我让他尝试减少某些语句的攻击性、寻找他内心承认的正面元素。这一切使他越来越清楚，自己究竟要传递什么信息。事实上，这封信的初始版本非常具有挑衅意味,我们根本不可能将它寄给他父亲。而即便我们没有寄出,如此直接的表达也让阿诺越发感到内疚——他不能接受,自己竟然会这么去想自己的爸爸。

这样的情感治疗将使您与父母之间保持一定的距离。这样,您就能够更好地接受和摒弃他们的特质,因为您会清晰地知道,您摒弃的并不是您的父母,而是他们的某些行为方式。在阿诺一例中,他最终并没有寄出这封信,但他用信里的几段话与父亲做了交谈。不过,我们的记忆并不总是如此细致出色。有时,我们需要帮记忆一把。

情感记忆:帮助过去的自己
案例:被抛弃的杰茜卡……

杰茜卡来到了我的诊所。她完全没有自信,特别是当她意外地需要独处时。比如,上周,她的丈夫明明应该在晚上七点前买好东西回家,但到了八点十五分,他还是没有回来。时间慢慢地过去,她不安至极,甚至到了恐慌的地步,但她自己都不知道为什么会这样。当下,她并没有发现自己有任何想法。她还提到了另一件事:某天,她在等看房的客户现身(她是房产中介),但客户晚到了二十分钟。这时,杰茜卡再一次陷入了严重的恐慌,却也不知缘由。我们在治疗中一起回顾了杰茜卡过去所有的经历,直到心理治疗进行到第十五六场时,我们终于有了头绪。其实,杰茜卡不断重现的情绪是恐慌性焦虑不安,而与之相连的成见是:"我要被抛弃了。"不过,在事发当下,她完全意识不到这一成见的存在。

就像三文鱼的洄游一样,杰茜卡需要回到过去,找到那些让她感到被抛弃的事件。她先找到的是青春期伊始、12岁时发生的事:母亲每天都会照例来中学门口接她,但在那一天,杰茜卡只身一人,妈妈没有来,同学也都走了。于是,杰茜卡遭受了一次非常严重的恐慌:校长打电话叫来了救护人员,把杰茜卡送进了急诊。现在,她几乎忘了这件事了。另一件事发生在更年幼的时候。杰茜卡说:"我是家里的独生女。9岁那年,一天半夜,我起身去找父母。然而,家里空空如也。只有我一个人,父母不知道去哪儿了。我立刻陷入了极大的恐慌。"

这件事被重提后,杰茜卡前去问母亲,当时为什么留她一人在家。母亲解释道,那晚他们夫妇俩与同一楼层的邻居出门喝一杯去了。他们本想叫醒女儿,尝试多次都无果,可没有想到杰茜卡会在之后醒来。母亲告诉她,当他们回到家看到号啕大哭的杰茜卡时,心中感到非常抱歉。

几次咨询之后，杰茜卡继续寻找着自己被抛弃的记忆。她想起，当她还是幼儿时，平日里由保姆带着。她很孤单，一个人坐在角落里，也不玩玩具。她觉得自己被抛弃了：保姆一边在做家务，一边照看着四个小孩，却不怎么管她。杰茜卡说着这些，哭了起来："我真的感到自己被父母抛弃了，也被保姆抛弃了，因为他们都不管我。"事实上，细心分析，杰茜卡的诸多经历是由她的情绪串连在一起的。激发她这种情绪的事件各不相同，但情绪是一样的，即极度不安。她的成见也是同一个，即被抛弃的感受。

当您找到了自己的核心情绪后，我建议您警惕起来，在三栏表格的帮助下观察这种情绪可能在哪些情形下再次出现。您会发现，重复再现的情绪总是同样的那一种，客观情形却是五花八门。接着，您也会意识到，这一情绪并非总是事出有因的，不一定会因为您当时的经历而被激发出来。事实上，事情本身很简单，只是您的爱人或客户迟到了，而非他们真的抛弃了您。这时，您可以让这种抛弃回归原位，告诉自己："听着，你知道，你常常会因为过去经历过的事情，导致现在总是轻易地感到自己被抛弃。但目前发生的这些事都与抛弃无关，只是爱人迟到了，仅此而已……"这种在情绪再现时刻进行的心理治疗会使您以最快的速度从不安中恢复平静。

如何找回过去的记忆？有许多小技巧都可以帮助您清点过往，找出影响您的核心情绪。例如，您可以借助各年龄时段的相册，与当时陪伴着您的人一起讨论这些照片。请向他们询问当时自己的行为和情绪如何："那时的我是什么样的？"您也可以使用随身记事本，上面写下重要日期（生日、祭日、婚礼等），问问亲友们自己在那些时刻曾是什么样子。我建议您保留好这本记事本，以便之后再次翻阅。学校的成绩册也有相同的功用：老师们对您的评语常常会带来许多记忆的收获。

当然，您也可以找到家族中看着您长大的长辈，寻求他们的帮助，如祖父母、叔婶和其他长辈。

人际治疗法

这里所说的方法是在心理治疗的过程中，利用患者在诊所里产生的情绪进行治疗。我曾遇到过这样的情况：七月末，一位患者神色惊恐地来到诊所，因为她得知我八月就要去度假了。她每天都会打来电话，要求每周都来就诊。后来我才明白，我的休假勾起了她内心对被抛弃的强烈恐慌，而她的恐慌源自儿时被抛弃的真实经历。当她意识到，我的休假只是在她如今的生活里勾起了某种幼时曾有过的情绪——即被抛弃的恐慌，她才能接受我不坐诊的事实。

在小组治疗中使用到角色扮演的方法时，同样的现象也可以被有效利用。当成见再次出现在脑中时，每个人都会重新体会到一些情绪。克莱芒丝在小组治疗时，因模拟对指责的回应而出现了上述的现象。起初，她对模拟的批评回应得很不错，但她忽然停下说："医生，您瞧，我真的是太没用了！我没有能力——回应这些批评。"说着，她哭了起来。事实上，角色扮演的操练勾起了克莱芒丝对自己的成见。当这时的她因为自觉无用而流泪时，她经历的是与当下所感受到的心绪不安有关的情感记忆。其实，她的哭泣并没有任何道理，因为克莱芒丝刚才在练习回应批评时做得很好、很到位。

心理专家们使用的治疗技巧还有很多，但作者由于担心患上"过度完美主义"综合征（请见第101页），（虽然能够康复！）还是建议为这本书画上句号。

结　语

自信缺失的根源通常在幼年时期就已形成，但即便是年长的成人，依然可以审视、建立或重塑自信。在这一领域，一切皆有挽回的可能。事实上，只要您愿意，曾经一度被视为"性格特征"的自信状况是完全可以被改变的。

本书向您介绍了诸多心理治疗方法。这些方法为世界各地的心理专家所广泛采用，其科学性和有效性都已被证实，您可尽情翻阅。本书以教学的方式传授这些方法，供您学习后应用到日常生活中，助您重拾自信。

提升自信将为您带来真正的内心舒适和高质量的生活——这些过去您未曾经历的体验即将成为现实。

与此同时,您也将能够避免多种心理或身体疾病(如抑郁症、焦虑症、酗酒、吸毒等)。这些疾病在前来接受治疗的人中甚为常见,且有相当一部分都与自信缺失有关。

使用这些方法的患者均出现了可喜的康复迹象。身为心理医生,在亲眼见证了这一切后,我的信心也在不断增加。对治疗方法,对您,我都颇有信心。您一定能做到!祝您成功!